全国竹鼠养殖培训

高效生态养竹鼠新技术

主 编　陈梦林　韦永梅

编 著　梁秋波　何伟华　诸葛勤赏

广西科学技术出版社

图书在版编目(CIP)数据

高效生态养竹鼠新技术/陈梦林,韦永梅主编.——
南宁:广西科学技术出版社,2013.6
　　ISBN 978-7-80763-183-5

　　Ⅰ.①高… Ⅱ.①陈…②韦… Ⅲ.①竹鼠科—饲养
管理 Ⅳ.①S865.2

　　中国版本图书馆CIP数据核字(2013)第 112888 号

高效生态养竹鼠新技术

主　编　陈梦林　韦永梅
编　著　梁秋波　何韦华　诸葛勤赏

出版发行　广西科学技术出版社
　　　　　(社址/南宁市东葛路66号　邮政编码/530022)
网　　址　http://www.gxkjs.com
经　　销　广西新华书店
印　　刷　广西大华印刷有限公司
　　　　　(厂址/广西南宁市高新区科园路62号　邮政编码：530007)
开　　本　890 mm×1240 mm　1/32
印　　张　5.125　插页6页
字　　数　130千字
版　　次　2013年6月第1版
印　　次　2014年6月第2次印刷
书　　号　ISBN 978-7-80763-183-5
定　　价　25.00元

本书如有倒装缺页,请与出版社调换

图1 银星竹鼠（母）

图2 银星竹鼠（母）

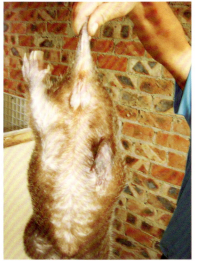
图3 中华竹鼠（公）

图4 中华竹鼠（公）

图5 大竹鼠（红颊竹鼠）

图6 西双版纳红颊竹鼠

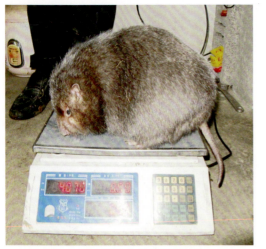

图7　4 070克的大竹鼠（贵州）

图8　小竹鼠

图9　红眼白竹鼠（新发现品种）

图10　红眼白竹鼠

图11　红眼白竹鼠和4个幼仔

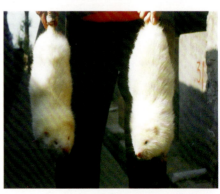

图12　馨桂经济动物研究所示范总场
培育的银星大白竹鼠

图13　全国最早成立的竹鼠养殖技术培训中心

图14　银星竹鼠公母配对

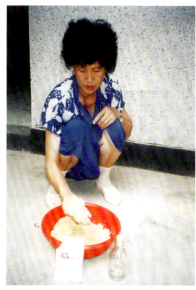

图15　本书作者之一韦永梅在精心调制竹鼠精饲料

图16　柳城县饲养的花白竹鼠

图17　将配好的精饲料撒在水泥砖上饲喂

图18 银星竹鼠1窝7仔（出生第一天）

图19 银星竹鼠1窝6仔（出生第二天）

图20 为提前断奶的幼鼠（酷暑期出生）人工哺乳

图21 银星竹鼠在哺乳

图22 给竹鼠打针

图23 柳城县饲养的新种竹鼠很温顺，一人手拿就可以打针

图24 能站立起来是驯好野生竹鼠的标志

图25 繁殖出第三代的银星良种竹鼠（桂林）

图26 本书作者之一陈梦林驯养的银星竹鼠（每只2 250克）

图27 陈梦林在广西大学示范场与跟班学习的学员留影

图28 陈梦林在贵港市北斗星养殖发展公司授课（1998年）

图29 陈梦林在湖南长沙竹鼠场指导（1999年）

图30 全国最大的良种竹鼠繁育示范基地——柳城县马山乡大森林特色养殖专业合作社

图31 柳城县马山乡2 000对规模的种鼠场

图32 柳城县马山乡2 000对规模的种鼠场

图33 柳城县马山乡2 000对规模的种鼠场

图34 柳城县马山乡2 000对规模的种鼠场

图35 桂林森农养殖有限公司利用人防工程山洞养竹鼠5 000多只。图为山洞入口处

图36 陈梦林撰稿的《竹鼠高产养殖技术》VCD光碟荣获广西百部乡土电教片二等奖（2003年）

图37 山洞内立体排放的竹鼠笼

图38 山洞内立体排放的竹鼠笼

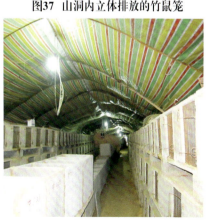

图39 山洞内立体排放的竹鼠笼

图40 武鸣县农民黄运安在天然山洞中养竹鼠450对

图41 陈梦林与四川、贵州的部分学员合影（2010年）

图42 陈梦林在"广西良种竹鼠新闻发布会暨培训班"现场与部分学员合影（2012年）

图43 《全国竹鼠养殖培训教材》编委会在南宁召开

小草食动物生态农庄规划图

设计者：陈梦林

地鳖虫

草鱼

黑豚粪

竹鼠粪

黑豚

竹鼠

示范农场
+
农户养殖小区

沼气池
处理污水、尿液
产生能源照朋

草鱼由鳖
竹鼠
地鳖虫
粪

甘蔗

牧草 竹鼠、黑豚、
饲料地

玉米

火鸡

EM

EM
防病、促长、
除臭、去霉

生态连接
关键技术

产业链拉长
（增值）

竹鼠肉 星豚肉

速冻小包装

半成品
耐保贮藏

炖盅蒸品

食用花卉 奇特瓜果
（6次产出）

黄花菜
黄秋葵
仙人球花

连锁店

竹鼠高产创新模式实用技术一览表

预测：用此模式技术一般竹鼠养殖场可增产15%，优秀竹鼠养殖场可增产30%以上。

设计者：陈梦林

精细目标管理

五四三二一
强化管理执行力
小结评比奖
年度化终评奖

制订定定编
竹鼠养出
业鼠选产学习
高到幼鼠全
种育阶段
管理细则

设立制订编
经营木目标
规划与建议
月济评比阶段
周抽提群出规程
查经木目标

员工素质培养

科学技术转化为生产力目前还是靠饲养员
素质提高来实现

组织技能竞赛
活技能赛质
动能赛要求

搭建训练度效
技巧训长
术俱更训与

技上岗前养种鼠
基础饲养培训
化操作
时济化将高养实
时新培与管理

第一批 400~500 对

第一批 150~300 对

考核

不合格编班重新学习
不合格
编重学
发上岗证书

优秀技术上岗证书
优秀技
术上岗证书

合格发上岗证书
合格发饲养员上岗证书

创新技术应用

适应产业化大生产需要
保竹鼠业生态特色

训练人工喂奶，喝奶粉
1. 仔鼠15天后补喂牛奶或奶粉
2. 由喂奶到过渡到喂水
3. 25天提前断奶，改为人工喂乳

母鼠管理要点
1. 产后7天给牛奶
2. 20天封窗喂明
3. 27天提高受胎率和产仔数
哺乳鼠后期喂牛奶
发情药物配
复配，提高受胎率

按商品竹鼠出栏时间设计开栏标准
1. 要求断奶4个月达到出栏标准
2. 将经济短了个月的基础上饲料转化为育成长标准饲料

母鼠超负荷哺育会提前衰老
1. 提高补喂无抗营养
2. 减轻母鼠负担，将25天后改为人工哺乳至35天断乳

鼠病防控重点

实际发病较少，10个病可防控即可
倡导防控重成本

重点掌握反复五位体的防控病排在
好前地区严重病重点在发病前防位控位

失本的实自家区发病前防控本

制订每个病的防控预案，有制的预防措施

消除致病因素

药品采购时添治疗用药

选种防疫
培养健康无病的种群
用药不如用保健品
容易防疫

两商防疫
切断、封闭传染通道

营养齐全平衡

生态饲料多样化
营养齐全平衡难度大

四种饲料合理搭配

粗料占85%，青粗料占15%种（其中多汁饲料占15%）

精料占15%，自配料或全价颗粒饲料

提高生长速度
缩短繁殖周期
赢得高产时间

矿物微量元素添加剂补充基础饲料营养不足

多样繁殖、加快生长
氨基酸、葡萄糖（微型料）

随产量最高饲料加大
提高繁殖、加快生长
每周喂3次以上

白天喂眼饲料，晚上喂粗料

高鼠量催肥100日龄时，自配料饲料加入20%

留种青年鼠同养
1. 幼鼠放入大池水养，要加10天过渡期
2. 大池设置有保温槽，入池洞穴

优选高产种群

三分引种
七分选育

选种要求
淘汰低产的15%

引种方法
按计划数1/3购种

由高代向低代繁殖后扩群
代用最低代的15%繁殖后扩群

到省（市）级种鼠场引种
技术资料证明
选购新品种银星竹鼠母代

符合6个条件中的4个可做商品种鼠出售，符合6个条件的可做散养种鼠场留种

生态标准建场

优化饲养环境，消除不利因素，保环境，保成长，利生长

场区绿化
有利尽量夏降青粗料，养结合

鼠舍设计
五四三二一
充分利用空间沼气温暖四季集约化
建，双明利于鼠养生，透水能水源

鼠场选址
选青粗料地多方排水良好的优坡考虑水原

场区绿化
有利夏降温多种时栽竹鼠
灭鼠，绿化

选种6条标准

抗病能力强
怀孕期 42~45 天
勤哺乳，会带仔
品种纯正，特征明显
断奶体重 600克以上
上年产的后备种，每年产4胎以上

全国竹鼠养殖培训教材

高效生态养竹鼠新技术

顾问 靳国庆　韦励平

主编 陈梦林　韦永梅

编著 梁秋波　何韦华　诸葛勤赏

编委名单（按姓氏笔划排列）

姓名	单位	职务及职称
韦永梅	原广西南宁地区科技咨询服务中心	主任/畜牧兽医师
韦励平	广西普大动物保健品有限公司	总经理
农冠胜	广西百色市平果县海城乡竹鼠养殖基地	总经理
刘朝亮	重庆盛旺竹鼠黑豚养殖基地	场长
何韦华	柳城县马山乡大森林特色养殖专业合作社	理事长
陈梦林	原广西南宁地区科学技术协会	副主席/高级兽医师
陈　陵	安徽凌云竹鼠养殖基地	总经理
李长宁	广西南宁山野动物养殖场	总经理
张文明	金诚双丰农牧科技有限公司	董事长/总经理
张政武	广东省韶关市丹霞竹鼠养殖基地	经理
杨　耘	南宁市浩特竹鼠养殖场	场长
杨成勇	广西梧州藤县信草竹鼠黑豚养殖场	总经理
杨文武	福建省建瓯市瓯宁农业生态科技发展有限公司	总经理
罗福坤	贵州武陵源竹鼠养殖场	总经理
项贞龙	江西省吉安遂川县德全竹鼠养殖场	场长

赵学聪	四川广元隆润生态养殖场	场长
梁秋波	桂林市竹鼠养殖协会/秋波竹鼠生态科技公司	会长/董事长
诸葛勤赏	桂林森农竹鼠养殖公司/阳朔景隆竹鼠养殖合作社	总经理/理事长
莫　辉	湖南明辉竹鼠养殖基地	总经理
覃　卫	好养殖网、柳州好养科技有限公司	总经理
覃利和	柳州市柳江县六兰福地竹鼠养殖场	总经理
蔡少岛	海南省文昌竹狸驯养繁殖示范基地	总经理
靳国庆	河北省毛皮协会、中华特养信息网	副秘书长/主任
熊润华	云南省西双版纳州勐腊县竹鼠养殖基地	理事长

作者简介

陈梦林　毕业于原广西农学院，高级兽医师，中共党员，原广西南宁地区科学技术协会副主席。在基层从事特种养殖研究和新技术开发30年，掌握20多种特种经济动物驯养及高产技术。广西著名特种经济动物饲养专家、出国援外专家、全国农村科普先进工作者。退休后被聘为广西专家顾问中心特约专家、广西科学技术厅项目评估专家、《南方科技报》专家顾问团成员、中国管理科学研究院研究员。先后应邀到长沙、南昌、沈阳、上海、崇明、日照、广州、东莞、茂名、海口、杭州、扬州、无锡、海宁、温州、平阳、厦门、武夷山、泉州、石狮等30多个市（县）指导特种养殖和策划筹建大型养殖场。现任广西竹鼠产业联盟主任、中国科普作家协会会员、广西科普作家协会精品图书创作传播中心主任。撰写出版了《创造发明的奥妙》《立体农业致富诀窍》《良种肉鸽养殖新技术》《竹鼠养殖技术》《竹狸高产绝招秘术》《农家致富金点子》《特种养殖活体饵料高产技术》《果子狸养殖技术》《鳄龟养殖技术》《农副产品特色加工丛书（一套6册）》《怎样养殖才赚钱》《怎样办好一个生态养殖场》《农民上网做生意经验方法技巧》《养生滋补炖品精华》《蛇美食药膳精选》《高效生态养蛇新技术》《高效生态养鸽新技术》等60部科普书籍。作品多次在广西、全国获奖。2006年荣获广西资深优秀科普作家奖，2007年被评为全国有突出贡献科普作家。事迹入编《中国专家大辞典》《中国当代创业英才》《中国当代著作家大辞典》和《世界名人录》等32部辞书。

E-mail：hh312@163.com

韦永梅 畜牧兽医师，原广西南宁地区科技咨询服务中心主任。擅长经济动物驯养与兽医中草药治疗。撰写出版的科普书籍有《家庭养鸡致富绝招》《鳄龟养殖技术》《特种经济动物菜谱》《地方名特优小吃烹制》《怎样养殖才赚钱》等 16 部。

张秋波 毕业于广西中医学院，2005 年开始养殖竹鼠，现任桂林秋波竹鼠生态科技公司董事长、桂林市竹鼠养殖协会会长。自桂林秋波竹鼠生态科技公司成立后，着力打造秋波竹鼠品牌，把桂林的竹鼠产业推向全国，先后带领 600 多户养竹鼠致富。在帮助群众致富的同时，公司也在迅速发展壮大，目前公司存栏竹鼠 10 000 多只。

何韦华 柳州市十佳创业之星，柳城县返乡青年，柳城县马山乡大森林特色养殖专业合作社理事长，从事竹鼠养殖 10 多年，在马山乡创办了全国最大的竹鼠繁育基地。在其影响带动下，周边乡镇有 1 800 户竹鼠养殖户，2010 年出售商品竹鼠 487 万只，年产值 8 256 万元，年利润约 7 056 万元，户均 3.92 万元。2010 年 2月，柳城县启动首届创业项目推介的"春风行动"把竹鼠创业推向了高潮。当年该县竹鼠养殖猛增到 5 000 多户，饲养种竹鼠 12.5万对。2011 年何韦华出售竹鼠种苗 15 万对，商品竹鼠 110 万只，年产值近 2 亿元。2011 年何韦华被评为"广西首届杰出青年创业明星"。

诸葛勤赏 桂林市阳朔景隆竹鼠养殖合作社理事长。该合作社成员有 100 户，存栏种鼠 10 000 对，是目前全国最大的竹鼠养殖合作社。

前　言

　　竹鼠是我国南方省（自治区）分布较广的珍贵野生动物，具有较高的营养价值和药用价值。竹鼠肉质细腻精瘦，属于低脂肪高蛋白质肉类，是具有保健美容功能的高级食品。我国考古学家在汉代马王堆古墓中出土了许多罐封鼠类肉干，说明在当时鼠肉就已成为帝王阶层喜爱的珍肴。如今，随着人民生活水平的提高和旅游业的迅速发展，作为宫廷佳肴的竹鼠类食品日益受到消费者的青睐。近年来，由于人工捕捉过多，野生竹鼠资源急剧枯竭。为了开发利用竹鼠这一宝贵资源，本书主编陈梦林经过多年的潜心研究与实践，攻克了野生竹鼠的驯养、人工繁殖和高产的一些技术难题，在广西南宁建成了目前我国最大的竹鼠养殖技术培训中心和科普示范基地，并发展壮大成为广西良种竹鼠培育推广中心。

　　与其他养殖业相比，饲养竹鼠有五大优点：一是竹鼠不与人争粮，也不与牛、羊争饲料；二是竹鼠营洞穴生活，可在室内、地下室营造窝室实行工厂化、立体化饲养；三是竹鼠容易饲养，1个劳动力可饲养 300～500 对；四是竹鼠尿少粪干，栏舍没有一般野生动物的腥膻味，比养殖其他畜禽干净、卫生；五是竹鼠抗病力强、繁殖快、效益高。饲养 1 对竹鼠每年产值达 1 000 元以上，超过目前农村饲养 2 头肉猪的纯收入。

　　当前，许多地方驯养野生经济动物成功后，人们惊奇地发现，家养的野生经济动物的肉质发生了根本变化，肉味没有野生的那么鲜美了（人工饲养的鳖表现的尤为突出）；一些药用动物家养后药用功能降低了（如家养的蛤蚧、毒蛇），这是由于其生态环境和食物结构被人为改变后产生的结果。

陈梦林从事野生经济动物研究、驯养 20 多年，归纳出 12 个字，即"模拟生态，优于生态，还原生态"。

"模拟生态"就是仿照野生经济动物原来的生活环境，尽量在窝室建筑和饲养管理上创造接近它原来的生活条件，这样驯养就会获得成功，但是不能获得高产。因为现在大气污染严重、自然环境恶化，野生动物能采食到的天然食物已没有原来那么多、那么丰富，很难发挥其潜在的生长优势，所以生长缓慢，繁殖能力低下。必须在模拟生态的基础上，运用科学的方法进一步优化生态条件，如为驯养的野生经济动物提供比自然界更充足的蛋白质、维生素和矿物微量元素，这样才能使家养后的野生经济动物生长快、产仔多且成活率高，从而达到高产的目的。但是，一些植食性动物在自然界中所需的蛋白质是靠采食各类植物的根、茎、果实而获得的，家养后改食含有鱼粉的人工配合饲料，违背了它们原来的生态条件，改变了它们的食物结构，所以会出现肉质变差、药用功能降低的现象。随着其生长速度的加快和生产规模的扩大，这一现象又更加突显，使得驯养的野生动物市场价格大大降低。所以，还要对已获得高产的驯养野生动物进行生态还原，让它们重新回归野生状态，从而达到既高产又优质的目的。可以说，"模拟生态，优于生态，还原生态"是驯养野生经济动物的一条重要法则。人工养竹鼠也必须遵循这一法则。

陈梦林在《特种养殖活体饵料高产技术》（上海科学普及出版社 2000 年 10 月出版）中，首次提出"模拟生态，优于生态"的理论。后来经过 8 年多的探索和实践，发现"模拟生态，优于生态"的理论只适合当时的小规模生产，不适合正在发展的产业化大生产。是现代工业产业化大生产的饲料生产工艺流程彻底改变了模拟生态的养殖方式，结果表明，生产规模越大，肉质变性越严重。为了解决这个问题，我们开展了对不同特养品种人工生物链技术的全面研究，确定既要质量又要产量、既要速度又要效益的目标，补充提出"还原生态"的理论。通过认真学习实践科学发展观，使广西的特种养殖业在正确理论指导下获得了迅猛地发展，也为正在发展的竹鼠产业提供了强大的技术支撑。

要想驯养的野生经济动物竹鼠获得高产又保持原有野生特色，必须认真研究其自然生态，从研究其食物结构及其人工生物链入手，然后进行仿生、优生再还原为野生的驯养。仿生过程环境是重点，优生过程营养是重点，还原过程品质是重点。仿生驯养的野生经济动物成功后，就要用优生迅速提高产量，然后再用一段时间来回归自然，即在创造生态环境和人工生产新鲜饲料上下功夫，将其还原为野生状态，使其肉质和药用功能转或恢复到野生水平，从而大幅度提高饲养竹鼠的效益。

当前，生态养竹鼠产业化条件已经成熟。运用人工生物链技术，大力发展生态养竹鼠业，不仅可以大幅度降低饲养成本，提高竹鼠产品的产量和质量，还能充分利用废物，化害为利，推动环保养竹鼠产业的发展；能以最低的生产成本，建立人工养竹鼠生态良性循环，较好地实施生态养竹鼠业可持续发展战略。

本书是我们从事竹鼠驯养繁殖研究多年的成果。书中详细介绍了竹鼠的生活习性、生长繁殖过程、驯养方法、饲料配方以及常见病防治，并对低投入、高产出办好竹鼠养殖场的科学经营管理作了全面阐述。全书文字通俗易懂，可读性、实用性强，可供农村、城镇养殖专业户、养殖爱好者、农业院校师生和广大畜牧兽医工作者参考应用。

本书在编写过程中参阅了一些同类著作及网络媒体的报道，并引用了其中的一些文字、图片，在此谨向有关作者表示感谢。由于编著者水平有限，加上编写时间仓促，书中难免有错漏之处，敬请广大读者和专家批评指正。

编著者

目　录

第一章 概 述

竹鼠（Rhizomys）又名花白竹鼠、粗毛竹鼠、拉氏竹鼠、竹根鼠、竹根猪、竹狸、芒狸、冬芒狸、竹鼬、茅根鼠、芭茅鼠，在动物分类学上属于脊椎动物亚门哺乳纲啮齿目（Rodentia）竹鼠科（Rhizomyidae）竹鼠属，是竹鼠属类动物的通称。竹鼠是一种体形较大的啮齿类动物，因主要以竹子为食物而得名。

一、竹鼠的品种及地理分布

全世界竹鼠共有 3 属 6 种，主要分布在非洲和亚洲。非洲竹鼠属 2 种，为东非特有种；竹鼠属 3 种；小竹鼠属 1 种，为亚洲特有，见于中国南部。我国的竹鼠属有大竹鼠、中华竹鼠、银星竹鼠、小竹鼠和新发现的红眼白竹鼠，主要栖息于秦岭以南的山坡竹林、马尾松林及芒草丛下，营地下生活，以竹、芒草的地下茎、根、嫩枝和茎为食。竹鼠在我国分布甚广，广西、广东、福建、安徽、云南、贵州、四川、湖北、湖南、江西、陕西、甘肃等省（自治区）均有野生竹鼠。目前我国南方省（自治区）驯养的野生竹鼠多为银星竹鼠。

二、竹鼠的价值

竹鼠是我国南方省（自治区）分布较广的珍贵野生动物，具有较高的营养价值和药用价值，也是具有保健美容功能的高级食品。

1. 竹鼠的营养价值

竹鼠肉质细腻精瘦，属低脂低醇肉类，富含磷、铁、钙、维生素 E、维生素 B 及多种氨基酸，尤其是人体必需的赖氨酸，其中赖氨酸、亮氨酸、蛋氨酸的含量比鸡、鸭、鹅、猪、牛、羊、虾、蟹的肉都高。竹鼠食性洁净，肉质细腻精瘦，味极鲜美，被视为野味山珍上品。我国自古就有许多吃竹鼠的历史记载早在周朝已视竹鼠为上等肉，食竹鼠风俗成行，《公食大夫》说能吃竹鼠肉的只有三鼎以上的公卿大夫；唐代《朝野金载》中记载"岭南撩民，好为卿子鼠"；明代李时珍在《本草纲目》记载"竹鼠大如兔，肉味甘、平、无毒，人多食之"；清史载"鼠脯佳品也，灸为脯，以代客，筵中无此，不为敬礼"。我国考古学家在汉代马王堆古墓中出土了许多罐封鼠类肉干，进一步证明了在当时鼠肉就成为帝王阶层喜爱的珍肴。如今，随着人民生活水平的提高和旅游业的迅速发展，昔日作为宫廷佳肴的竹鼠类食品日益受到消费者的青睐。现代医学研究表明，竹鼠肉营养价值高、低脂肪、低胆固醇、高蛋白，具有促进白细胞和毛发生长、增强肝功能的作用，对抗衰老、保持青春有良好的效果，是天然美容和强身的佳品。由于对竹鼠营养价值的宣传，使人们把竹鼠与美容、保健、抗衰老联系在一起，在国内迅速掀起吃竹鼠的时尚追求。竹鼠肉味鲜美、宴席上可与果子狸媲美，被列为山珍上品，成了宾馆、酒楼及一般饭店抢购的山货。目前竹鼠肉已成为广东、上海、浙江、江苏、海南、广西、贵州等地的新潮食品，从家庭餐桌登上了高档宴席，为饮食文化增添了光彩。

2. 竹鼠的药用价值

竹鼠还可以入药治病。《本草纲目》记载，竹鼠有调经、护发、补血、益气、滋阴壮阳、消肿毒等特殊疗效。据民间中医验证，竹鼠牙齿磨水，可治跌打刀伤、消肿止痛；据《广西药用动物》介绍，"将牙用油炸，研成粉，每服 0.3～0.6 克，开水送服，治小儿破伤风"；据《中国药用动物志》介绍，"竹鼠油脂能防蚊虫叮咬，治疗烧伤、烫伤、无名肿毒、美容等；竹鼠血治疗哮喘有独特功效，胆汁滴耳治聋"。现代医学证明，竹鼠肉有促进人体白血球和毛发生长，增强肝功能和防止血管硬化等功效。尤其是竹鼠肉富含胶原蛋白，胶原蛋白是一种由生物大分子组成的胶类有机物，是构成人体皮肤、筋、腱、牙齿和骨骼等最主要的蛋白质成分，约占人体总蛋白质的 1/3，是肌肉必需摄取的营养物。常食竹鼠肉能促进人体新陈代谢功能，增强细胞可塑性和肌肤弹性，防止皮肤干燥、萎缩、起皱等，改善机体各脏器的生理功能，抗衰防老。中医认为，竹鼠的肝、胆、肉、骨头可直接入药，能治疗体虚怕冷、腰椎寒痛、阳痿早泄、产后病后体弱、神经衰弱、失眠、关节筋骨疼痛等症。竹鼠睾丸炒干后加冰片少许，冲开水吞服可治高烧不退、呕吐和风症；竹鼠骨头浸酒，可治风湿病、类风湿病。竹鼠血清泡酒对治疗支气管哮喘和糖尿病有特殊功效，对呼吸道炎症的治疗也有独特的功效，经常服用能增强人体抵抗力和免疫力。

我国医药界历来把竹鼠毛作为药用的一种原料，因竹鼠毛的主要成分是硬质蛋白，经过水解后可制成水解蛋白、胱氨酸和半胱氨酸等重要药品，民间常用于治疗小儿麻痹症、痘麻病；竹鼠的内脏等下脚料可提取甘氨酸、胸腺肽、卵磷脂等生化药物；竹鼠尾中的线状白筋可用做外科手术愈合线。

3. 其他价值

国内已有食品厂家生产田鼠罐头畅销海外的报导。竹鼠的体重、出肉率、肉质、营养均优于田鼠，而且能实行立体化、工厂化饲养。专家们论证后认为，开发竹鼠肉食罐头前景十分广阔。竹鼠皮张大，皮毛细软、毛绒丰厚、光滑柔润，色泽艳丽，皮板厚薄适中易于鞣制，毛基为灰色易于染色，是制裘的上等原料，尤其板皮是制上等皮革、皮鞋的好原料。其皮制成夹克、长大衣、色泽光亮、平滑、轻软、耐磨，外观可与貂皮媲美。国际市场上，一双竹鼠皮鞋价格高达 2 000～2 500 元，一件翻毛竹鼠皮大衣可卖

6 000～8 000元。竹鼠须是制作高档毛笔的原料。竹鼠血、牙、油均是制药工业原料。可以说，竹鼠全身都是宝，其潜在价值亟待开发。

三、我国人工养殖竹鼠的发展历程

我国有组织地开展野生竹鼠人工驯养是从 1995 年下半年开始的。当时广西南宁地区科学技术协会（以下简称南宁地区科协，现为广西崇左市科协）落实专业技术人员收集资料，跟踪研究。当听说湖南永州有一家竹鼠养殖公司，即组织 6 人的考察小组前往，但是未见一只竹鼠。听当地人说："确实是有过一家竹鼠养殖公司，是专卖竹鼠种的，而且经营得很火爆，可是前不久倒闭关门了。"考察小组返回到广西北部山区，看到农民家里驯养有少量野生竹鼠。考察回来后，科协领导班子研究认为，发展竹鼠养殖是很有前途的项目，值得研究开发，于是进行了科技立项。1996 年从桂林引进 6 组（每组 1 公 2 母）共 18 只竹鼠，开始了野生竹鼠的驯养研究。至今，我国人工养殖竹鼠已走过了 18 个年头。回顾 18 年的发展历程，可划分为三个阶段。

1. 搜集资料，跟踪研究，野生驯养、繁殖

此阶段从 1995 年 6 月至 1999 年 12 月，历时 4 年半。前 1 年半是收集资料，实地考察，跟踪研究；后 3 年是分期分批引进野生竹鼠种进行驯养。经过这几年的努力，先后掌握了野生竹鼠的驯养技术，并通过人工配合饲料、二次选育高产种群、同期发情试验、重配复配等措施，顺利攻克了竹鼠人工繁殖的技术难关，使人工饲养竹鼠周期缩短 1/3，繁殖率提高 1 倍，从而使广西在该项技术上处于全国领先水平。原广西南宁地区科协也建成了我国最完善的竹鼠养殖技术培训中心和科普示范基地。到 1999 年末，该中心先后为广西区内外提供良种竹鼠种苗 1 000 多对，帮助 180 多家农户成功驯养野生竹鼠，指导各地办起竹鼠养殖场 40 个，先

后两次空运 115 对竹鼠种苗到云南省西双版纳安家落户。陈梦林编著的《竹鼠养殖技术》一书 1998 年 9 月由广西科学技术出版社出版后，很快销售一空，1999 年上半年进行了第二次印刷，仍然供不应求。可见竹鼠养殖正在各地升温。按《竹鼠养殖技术》驯养野生竹鼠都能养成，但繁殖一般都不过关。该书出版 1 年，作者收到全国各地读者的来信来电 2 000 多件。根据读者们提出的 800 多个竹鼠养殖难题，综合归类后又于 1999 年 12 月出版了《竹狸高产绝招秘术——家养竹狸 200 问》，回答了当时竹鼠养殖的各种难题。人工驯养野生竹鼠已由广西推广到全国有野生竹鼠分布的省（自治区）。

2. 选育竹鼠早熟高产品种

此阶段从 2000 年 1 月至 2010 年 4 月，历时 10 年零 4 个月。前 3 年选育工作比较顺利，通过二次选育高产种群和重配复配等措施，母鼠产仔数比原来提高了 30％。接下来 4 年多，由于项目承办单位南宁地区科协搬出南宁，负责竹鼠项目的技术人员也全部退休了，期间恰逢爆发"非典型肺炎"，竹鼠养殖受到限制，南宁地区科协"竹鼠养殖技术培训中心和科普示范基地"被撤销了，使竹鼠养殖与研究进入低潮期。但竹鼠的品种选育工作并没有停止，因为这段时间农民养竹鼠的积极性并未降低。由于"非典型肺炎"发生后，果子狸遭到封杀，竹鼠正好在餐桌上取代了果子狸。竹鼠养殖虽受到限制，但原有的竹鼠养殖场都保存下来了，甚至还在发展壮大。许多大竹鼠养殖场老总都是陈梦林早期的学员，他们捧着《竹鼠养殖技术》一书找上家门，请陈梦林去指导。通过进场指导和调研，竹鼠的品种选育工作得以延续。至 2008 年广西竹鼠养殖形势有所好转，由限制改为鼓励。一些市（县）把竹鼠养殖列入农民致富"短、平、快"项目、青年回乡创业首选项目来做，各地的农民竹鼠养殖合作社、回乡青年竹鼠养殖创业基地纷纷成立，并得到了地方政府财政资金的扶持，2009 年有些市（县）还评选表彰了一批竹鼠养殖的龙头企业。顺应潮流，"竹鼠养殖技术培训中心和科普示范基地"在南宁养殖场重新挂牌，并发展成为广西良种竹鼠培育推广中心。此时竹鼠高产品种选育工作进入最佳状态。2010年4月，陈梦林到广西最大的竹鼠创业基地——柳州首个返乡农民工创业品牌基地、柳城县马山乡龙兴屯考察，发现那里家家户户都养竹鼠，而且他们养的竹鼠与其他地方养的竹鼠大不一样，虽然同是银星竹鼠，他们养的温顺、早熟，怀孕期仅有42～48天。通过原生态产地考察认证、确认，这就是艰苦寻找多年的银星竹鼠早熟高产的新品种（品系），从此开启了我国竹鼠产业化大生产的新篇章。

3. 竹鼠产业化大生产模式技术设计与推广

此阶段从2010年5月至今，是产业化高产模式新技术形成阶段。有了早熟高产的新良种，又有广西各地历年积累的竹鼠养殖好经验和好方法，加上广西良种竹鼠培育推广中心的专家将10多年的研究成果汇集在一起，通过优势相加、优势互补的整合，形成了一整套理论与实践相结合、有充分科学依据的竹鼠产业化高产模式新技术。采用这套新技术饲养良种竹鼠，1人可养300～500对，从出生到满4个月体重达1 500～2 000克出栏，每年可出栏3批。比原来饲养老品种竹鼠在人力、场地利用率方面提高3倍，经济效益提高4倍以上。

四、全国竹鼠人工养殖现状

经过10年选种培育，广西良种竹鼠培育推广中心与各地良种竹鼠养殖场合作，已经选育出早熟高产的新品种。到2011年春，广西的新品种竹鼠迅速扩大种群至40万对，成为广西竹鼠的当家品种。从2011年下半年起，家养温顺的早熟高产良种竹鼠种苗和生态养殖的商品肉鼠已主导市场。从而结束了持续10多年的竹鼠野生驯养和高价炒种时代。近两年来，我国竹鼠养殖业随着消费市场的扩大而迅速升温，众多农民朋友纷纷引种养殖，需要提供大批竹鼠种源。巨大的市场需求和产业化生产条件日趋成熟，广西的竹鼠养殖业进入了良性循环的"快车道"。

1. 国内消费市场趋于成熟

竹鼠肉质细腻精瘦，味道鲜美，日益受到消费者的青睐。在国内，竹鼠已步入我国南方及西部地区大、中城市的城镇消费市场，需求量以每年15％的速度递增。在沿海大中城市，商品竹鼠的销售一直被看好，价格始终呈现坚挺的态势。目前，竹鼠在杭州、宁波、重庆、上海等城市也很抢手，这些城市竹鼠养殖量较少，其销售价格要比南方地区高。2011年国庆节期间，仅浙江一个养殖场销售到宁波、杭州的竹鼠就有2 000千克。在重庆，每只竹鼠卖500元都很好销。高档酒店的竹鼠售价达到每千克516元，中档酒店的价格在360～400元之间，送货上门的价格是每千克240元，物流配送的是每千克160元。内地城镇的竹鼠售价每千克100～150元，沿海大城市的是每千克120～180元。鲜活竹鼠上市很快被一抢而空。据不完全统计，四川、云南、贵州、湖南、江西、广西、广东、海南、香港、福建、上海等地每年要消费竹鼠2 000多万只，而目前只能供给850多万只，远远不能满足市场急剧增长的需要。当前，全国60％的商品竹鼠、80％的种竹鼠产自广西，其他省（自治区）大多数还停留在野生驯养阶段，养殖规模小，发展慢。

2. 高产技术与产业化生产条件成熟

经过多年的探索，广西竹鼠生产技术已有很大提高。柳城县返乡青年、竹鼠大王何韦华的家就是一个产业化大生产的竹鼠示范场，其家中4个人饲养种竹鼠4 000只。2009年12月30日，柳州市首个返乡农民工创业品牌基地——柳城县马山乡大森林特色养殖专业合作社挂牌成立。该社以"合作社＋农户"的模式运作，与养殖户签订协议，将种竹鼠发放给农户饲养，与养殖户结成利益共同体，实行统一供种、统一技术、统一销售、统一价格、统一品牌，形成了产、供、销一条龙的销售经营模式。何韦华创办的竹鼠养殖基地成立不到 1 个月，就带动了全县 1 800 多农户发展竹鼠养殖，2010 年出售商品竹鼠 48 万只，年产值 8 256 万元，年利润约 7 056 万元，户均 3.92 万元。2010 年 2 月 24 日，在柳城县"春风行动"启动仪式暨柳城县首届创业项目推介会上，更是把竹鼠产业推向空前的高潮。当年该县竹鼠养殖户猛增到 5 200 多户，饲养种竹鼠 12.5 万对。柳城县的经验推动了广西竹鼠产业化的进程，一批养殖规模在 1 000 对以上的大型竹鼠示范基地正在八桂大地上迅速兴起。而在甘蔗地中间、高山密林深处、天然岩洞里、废弃防空洞里发展竹鼠的规模养殖，成为广西竹鼠产业化养殖中的又一新亮点。

五、发展竹鼠产业的优势

与其他养殖项目比较，人工饲养竹鼠具有五大优势。

1. 不与人争粮，也不与牛、羊争料

竹鼠以植物根茎和农作物秸秆为主食，吃粮极少，精饲料用量仅为肉鸡的 1/4、鸭的 1/5、肉狗的 1/15、肉猪的 1/20，即使完全不用稻谷、玉米等商品粮也能饲养。牛、羊吃植物的嫩枝叶，而竹鼠吃植物的老根茎。

2. 竹鼠营洞穴生活，生长繁殖不需阳光

竹鼠既能在边远农村的山坡、岩洞营造窝穴饲养，也可在城镇的室内、地下室建造窝池实行工厂化、立体化养殖。

3. 饲养容易

饲养竹鼠每天仅投料 1 次，甚至可以 3~5 天投料 1 次；夏季 1 天清扫 1 次，冬季可 3~5 天清扫 1 次。饲养 1 对竹鼠的工作量只是饲养 1 头猪的 1/30，1 个劳动力可饲养繁殖种鼠 300~500 对，少量饲养可不用专人看管。

4. 干净卫生

竹鼠尿少粪干，没有其他野生动物的腥膻味，比养殖其他畜

禽干净卫生，在城镇也可以饲养。

5. 抗病力强、繁殖快、效益高

饲养 1 对种竹鼠年纯利达 1 000 元，超过目前农村饲养 4 头肉猪的纯收入。

竹鼠不仅适合在甘蔗产地、水库边沿盛产芒草的地域养殖，更适合在盛产竹木、玉米秆的干旱缺水山区养殖。在贫困山区，农户饲养竹鼠的条件明显优于饲养猪、牛、羊、鸡、鸭、兔。人工饲养竹鼠占地少、设备简单、投入低、回报高、周期短，市场前景广阔，是一条新兴的、风险较小的快速致富门路。

六、人工生态养殖竹鼠的基本要求

人工生态养殖竹鼠的基本要求如下。

1. 竹鼠场选址要求

远离村庄 1 000 米以上，远离江河、沟渠、池塘、沼泽地 100 米以上。必须在池塘边建竹鼠场的，要有生物灭蚊措施。

2. 竹鼠场绿化利于保健

竹鼠场绿化要有利于夏天降温、冬天挡风，平时有利于保健、防蚊、灭鼠。

3. 生产区无低矮作物及花草

禁止在竹鼠舍中间和周边空地种瓜菜等低矮作物及花草，否则不利于防蚊、灭鼠。

4. 竹鼠舍通风透气

竹鼠舍要清洁干爽，冬暖夏凉。

5. 污水无害化处理

建设沼气池处理污水，生产沼肥和生物能源。

6. 竹鼠舍地面要求

竹鼠舍地面及周边不建暗沟，采用明沟排水，不留污水，以利于防疫。地面铺水泥 1 厘米厚，以防止老鼠打洞。

7. 青粗饲料占饲料总量的 75%～85%

维持原生态养殖环境，保证人工饲养的竹鼠肉品质不变，药用价值不降低。

8. 生态养殖竹鼠要改变给水方式

从小训练竹鼠喝奶、喝水，是人工生态养殖竹鼠的重要环节。喂养实行料、水分开，既能保证幼鼠前期的生长速度，更有利于竹鼠大生产的饲养管理。

9. 青年留种竹鼠放入大池饲养

池内有足够大的运动空间，让留种竹鼠充分运动，其性腺才能发育良好，以免种鼠繁殖能力退化。

10. 商品竹鼠安全上市

为确保上市的商品竹鼠肉无有害添加剂和抗生素污染，采用生物防治。防治竹鼠疾病，大群投药以中草药和益生菌为主，个别重症治疗才用抗生素。

第二章　竹鼠的品种特征与生活习性

一、品种特征

（一）银星竹鼠

银星竹鼠又称花白竹鼠、粗毛竹鼠、拉氏竹鼠。国内主要分布在广西、云南、广东、福建、江西、湖南、贵州、四川等地。国外见于老挝、越南、柬埔寨、缅甸和印度阿萨姆邦等地。

银星竹鼠身体形粗壮，呈圆筒形，成年体重为 1.25～2.25 千克，最大个体可达 3 千克。银星竹鼠体被密而长的绒毛，体背面呈浅灰褐色或淡褐色，并有许多尖端呈白色发亮的粗毛，因此而得名。身体腹面毛色较淡，粗毛较短、少，无白色针毛。尾巴长，无毛，仅在尾基部有少量灰褐色稀毛，几乎完全裸露。前、后足背面的毛短，呈褐灰色，足底裸露。乳头 5 对，其中胸部 2 对、腹部 3 对，胸部第一对不发达。小肠短于大肠。

银星竹鼠体长 220～330 毫米，尾长 60～100 毫米，后足长 40～50 毫米，耳长 13～20 毫米。颅长 68～69 毫米，颧宽 45～50 毫米，鼻骨长 24～26 毫米，眶间宽 10.5～13.5 毫米，腭长 33.6～80.7 毫米，听泡长 10.5～11.5 毫米，上齿隙长 18.9～21.1 毫米，上颊齿列长 13.5～15.2 毫米。颅骨宽短，宽约为长的 74.7%。左右颧弓呈圆弧形。颅顶后部略呈拱形，颅与下颌骨约等高。鼻骨后端中间尖，超出前颌骨后端或同在一水平线上，同时也达眼眶前缘水平线。上门齿是垂直的，上齿隙远长于上颊齿列长。

银星竹鼠栖息于较低的山区林带。营掘土地下生活，通常在竹林下或大片芒草丛下筑洞。1个洞系一般只有1个洞口，洞口多被从洞内抛出的土壤堵塞，洞系简单，只包括若干洞道、1个窝巢、1个躲避敌害的盲洞和1个便所。窝巢直径2～12厘米，常铺以干草或堆积一些芒草、竹之类食物，为进食、休息等活动场所。除繁殖时期外，通常1个洞穴只居住1只竹鼠。竹鼠主要在夜间活动，以地面采食为主，常以苇草根、白茅根、竹根、竹节、竹叶、竹笋为食，有时也将竹和芒草等植物的根和茎部拖入洞内啃食。

银星竹鼠四季均能繁殖，春、秋季为繁殖高峰期，但以11～12月和3～7月怀胎母鼠较多，妊娠期孕期49～68天。每胎产1～5只仔，一般为2～3只仔。初生幼仔体重35～40克，裸露无毛，眼闭，5天后体毛可见，7天耳壳逐渐伸直，20天体毛色似成体毛色，1个月后能吃硬的食物。35～40天断奶，能离开母鼠独自活动。银星竹鼠寿命为5～6年。

1. 银星竹鼠亚种

银星竹鼠有4个亚种，我国有2个亚种，即云南亚种和拉氏亚种。

（1）云南亚种。云南亚种银星竹鼠身体比较小，鼻骨后端超出前颌骨后端。分布在云南的勐腊、金子、蒙自等地。国外见于老挝和越南北部。

（2）拉氏亚种。拉氏亚种银星竹鼠身体比云南亚种略大些，鼻骨后端与前颌骨后端约在同一水平线上。分布于福建的平和、龙溪，广东的汕头，广西的上思和靖西，贵州的贵阳、榕江、贵定、平塘和三都。

2. 广西新良种银星竹鼠

广西新良种银星竹鼠是从老品种银星竹鼠中选育出来的早熟、高产品系。与原来的银星竹鼠体形、毛色完全相同，从外表上无法区分。它除具备普通竹鼠的五大优势外，还另有如下六大特点。

（1）其野生环境是甘蔗地，世世代代在农作物地区中生活，食物充足。获得的营养比其他的野生银星竹鼠多，所以慢慢形成早熟、高产的品系。

（2）温顺，不逃跑。鼠池可比老品种的矮 20 厘米。野生状态下已经和人类处在同一环境，所以能很快适应家养。其不攀爬，不逃走，饲养管理很方便。可节约建鼠池材料 25%～30%，1 人可养 300～500 对。

（3）繁殖周期缩短。孕期只有 42～48 天，比老品种缩短了 12～18 天。应用高科技可设计出 70 天的繁殖周期，为年产 5 胎提供了充足的时间。

（4）对饲料要求不高。有甘蔗、玉米粒和生态全价配合饲料就能养好。

（5）商品鼠育成时间为 4 个月，比老品种缩短 2 个月。生长快，4 月龄体重就达到 1 500～2 000 克的出栏标准。育成 1 只商品竹鼠的成本仅 30 元左右。

（6）抗病能力比老品种强。近几年来，在原产地农村家家户户都养，很少发生传染病。

（二）中华竹鼠

中华竹鼠又称普通竹鼠、芒鼠、竹鼬、竹根鼠。主要分布在我国的中部和南部地区，如广东、广西、云南、福建、湖南、贵州、江西、四川西部、湖北北部、甘肃和陕西南部，安徽大别山和浙江南部的泰顺也有分布。国外分布在缅甸北部和越南等地。

中华竹鼠个体比银星竹鼠小得多，因其最早做药用被写入《中国药典》而得名。中华竹鼠成年体重为 800 克左右，身体肥，四肢短，头圆而大，颈短，眼小。门齿发达。耳壳圆短，为毛所遮盖。尾也短小，尾上被棕灰色均匀的稀毛。中华竹鼠体长 210～380 毫米；尾长 50～95 毫米，后足长 35～60 毫米，耳长 15～20 毫米。颅长 62～87 毫米，颅基长 60～82 毫米，腭长 38～55.5 毫米，颧宽 38～66 毫米，乳突宽 29.6～44.6 毫米，眶间宽 10.8～12

毫米，鼻骨长 24.2～26 毫米，吻宽 18.8～18 毫米，听泡长 7.1～10.6 毫米，上齿隙长 18～24 毫米，上颊齿列长 14～18.8 毫米。

中华竹鼠体毛密厚柔软，毛基灰色，毛尖发亮呈淡灰褐色、粉红褐色或粉红灰色，体腹面的毛色一般略较体背面淡。前后足的爪坚硬，呈橄榄褐色。颅骨粗大，呈三角形。颧弧甚为宽展，为颅长的 75.8%～76.1%，是竹鼠中颧宽指数最大的一种，颧弧几乎呈等边三角形。吻甚宽，约为颅长的 23%，鼻骨后端与前颌骨后端几乎在同一水平线上。眶前孔位于颧板背面，其长轴是左右横向的，孔的内侧宽于外侧。颅骨上面微呈弧形。矢状嵴和人字嵴均甚发达。枕骨板向下倾斜。门齿甚为粗大，上门齿呈深橙色，垂直，不为唇所遮盖。上齿隙明显长于上颊齿列。左右上颊齿列前端相距略较后端的窄，左右下颊齿列则相反。另外，上颊齿列从第一臼齿到第三臼齿咀嚼面呈凸弧形，而下颊齿列咀嚼面从前至后呈凹弧形，上下相配合，与河狸的上下颊齿列相似，这显然与用下门齿啃咬植物的茎枝及地下根茎的坚硬木质有密切关系。在上颊齿列中，以第二臼齿前端为最高，而下颊齿列最高的是第一臼齿前端。颅高超过下颌高。

中华竹鼠通常栖息于山区竹林地带，也有生活在芒丛及马尾松林内土质疏松的地方。营掘土生活方式。它们通常在竹林下挖掘洞道穴居，啃咬洞道周围的竹根、未出土的竹笋，并将竹子拖入洞内咬成小段后啃食。洞道复杂、迂回曲折，一般长为 11～44.5 米，宽 17～23 厘米，高 16～22 厘米。洞道主要是取食道，一般离地面 20～30 厘米，常有 4～7 个分岔。每一洞系有 4～7 个近圆锥形的土丘，直径 50～80 厘米，高 20～40 厘米，由洞内挖掘和抛出洞外的土壤所形成。洞口为土丘所堵塞，仅在求偶交配时才将洞口暂时开放。洞系中有窝巢，筑在近土丘和避难洞的取食洞道上，为竹鼠住处和产仔育幼场所。窝巢直径 22～25 厘米，高 20～23 厘米，铺以许多细竹丝、竹根、竹枝、竹叶和细树根。洞系中除取食洞道外，还有长 3.5～13.5 米、距地面深达 1.5～

3.5 米的逃避敌害的安全洞。它们昼夜活动，除以竹根、地下茎和竹笋为食外，也吃草籽和其他植物。在南方通常一年四季皆能繁殖。每胎产 3～8 只仔。

1. 中华竹鼠亚种

中华竹鼠在我国有 4 个亚种，即指名亚种、福建亚种、四川亚种、云南亚种。

（1）指名亚种。体长 240～270 毫米，尾长约 75 毫米，颅长约 65 毫米，颧宽约 38 毫米，两鼻骨后部宽度约等于左右任一边额骨和前颌骨之间骨缝的长度。体毛淡灰褐色。分布于广东北部、广西中部。

（2）福建亚种。身体大小和毛色似指名亚种。两鼻骨后部宽度为任一边颅骨和前颌骨之间骨缝长度的一半。分布于福建的崇安、南平、龙溪、福州、福清等地的山区和浙江南部的泰顺，贵州的江口和罗甸也有分布。

（3）四川亚种。身体较上述两亚种为大，体长 330～380 毫米，尾长 55～39 毫米，颅长 75 毫米，最大长可达 87 毫米。体毛呈粉红灰色。分布于四川中部的汉源、峨眉、乐山、荥经、雅安、洪雅、天全、宝兴，至北部的绵竹、江油、平武和南江，东北部的通江和墟口，东南部的涪陵、南江等地；甘肃南部与四川北部的交界地区和陕西南部的汉中、安康、商洛地区的高山区各县，以及关中地区个别靠秦岭的县也有分布，其中商洛地区是中华竹鼠最北的分布范围，也是竹鼠科的分布北限。

（4）云南亚种。身体大小似四川亚种，但毛色较暗，呈暗褐灰色。分布于云南的丽江、大理、兰坪及哀牢山一带。

2. 中华竹鼠与银星竹鼠的区别

（1）中华竹鼠个体小，银星竹鼠个体大。

（2）银星竹鼠体背面有许多尖端呈白色发亮的粗毛，而纯中华竹鼠没有。在人工养殖的中华竹鼠中见少数也在体背面杂有少量尖端呈白色发亮的粗毛，而且个体比较大，那是银星竹鼠与中华竹鼠杂交的后代，不是纯种中华竹鼠。

（3）中华竹鼠尾短小，尾上有棕灰色均匀的稀毛，银星竹鼠尾长，几乎完全裸露无毛。

（三）大竹鼠

大竹鼠又称红颊竹鼠，主要分布在我国云南西双版纳地区和马来半岛、苏门答腊等地区。大竹鼠只分布在云南与老挝、越南交界的热带雨林中，野生鼠只在我国西双版纳以及紧邻的老挝、缅甸才有。大竹鼠具有抗病力强、性情温顺、容易繁殖、不吃仔等优点。大竹鼠是个体最大的竹鼠，一般体重在 3～6.5 千克，最大不会超过 7.5 千克。皮很厚，成年鼠人工养殖后毛色黑黄，脸颊两边呈明显深黄色，毛根粗大如小猪毛或狗毛，尾巴最末端有一小段白色印记，可作为明显标志。大竹鼠分布区域狭窄，数量稀少。清晨和黄昏外出活动，以竹根、竹笋为食，也食其他植物。野生状态在地下生活，以荸荠根、白茅根、竹根、竹节、竹叶、竹笋为主食，仿生态养殖食料有玉米、甘蔗、竹子、木薯干、新鲜玉米秆、竹皇草、胡萝卜等。四季繁殖，春、秋季为繁殖高峰期，通常在 2～4 月和 8～10 月繁殖交配；孕期 60 天左右，每胎产 3～5 只仔，哺乳期 40 天。野生大竹鼠与人工繁殖二代进行杂交，可提高抗病力和繁殖力。

因大竹鼠肉质口感好，特别好吃，所以价格特别高，每千克售价比银星竹鼠高 40 元左右。在养殖方面，大竹鼠不会出现吃仔和弃仔的情况，其成活率要比银星竹鼠高，母鼠断奶后更容易合群。但是它却很娇气，养殖时要特别的细心。如果用适合银星竹鼠的饲料配方用于大竹鼠，第二天就会出现有眼屎、流鼻血的状况。除此之外，大竹鼠很容易发生厌食的情况，同一种饲料，它吃几天就不吃了，所以要给予特别地照顾。这也许是因为大竹鼠生活在热带雨林的缘故。

大竹鼠的身体较大，头圆、吻钝、眼小、耳短。体长 375～480

毫米，尾长 140～190 毫米，后足长50～68 毫米，耳长 25～28 毫米，颅长 87.8～90.5 毫米，颅基长 82.7～86.4 毫米，颧宽 61～65 毫米，后头宽 39.5～40.4 毫米，鼻骨长 26.5～27.9 毫米，眶间宽 11.4～14.7 毫米，上齿隙长 28.3～30 毫米，上颊齿列长 16.3～17.5 毫米。

大竹鼠体毛粗短而稀薄。体背面棕灰色有光泽，毛基白色；头顶和颈背部多黑色，两颊呈锈红色；体腹面淡褐色，杂有稀少的白毛；前后足的背面被褐色短毛，下面裸露；尾粗大无毛。乳头 5 对，其中胸部上 2 对、腹部上 3 对。颅骨粗大。吻部较短，矢状嵴和人字嵴均甚发达。颧扩展，颧宽约为颅长的 74.6%。颅顶几近平直，脑壳较小，不如银星竹鼠和中华竹鼠的发达。鼻骨外侧平直，后部较为狭窄，其后端明显超出前颌骨后端。上门齿不甚垂直，略向前斜。下颌骨较为发达，后部甚高，超过颅骨高度，约为后者的 113.5%。隅突很发达，后缘呈圆形。

大竹鼠栖居于山区竹林地带。在竹丛下挖洞。洞道相当复杂，长达 9 米多，离地面最深处达 1 米多。洞穴有 1～6 个洞口，洞口直径 11～14 厘米，洞口外常有被抛出的大土堆，有堵洞的习性。清晨和黄昏到洞外活动，日间潜居洞中。主要以竹的地下茎、根和竹笋为食。雌雄同穴。寿命约为 4 年。本种有 2 个亚种。我国仅有灰色亚种，分布于我国云南以及缅甸、泰国、老挝、越南等地。

（四）小竹鼠

小竹鼠因个体小而得名，主要分布在我国云南西部、尼泊尔、孟加拉国北部、泰国、老挝、柬埔寨、越南等地。在我国分布于中缅边境海拔 600 米左右的热带雨林和边上的竹丛中，多在芭蕉芋、木薯地等环境中挖洞生存。孕期 40 天，每胎产 1～5 仔。小竹鼠分布区域狭窄，数量少，属于稀有种。

小竹鼠身体较小，体长 147～265 毫米，尾长 60～75 毫米，后足长 31～38 毫米，体重 500～800 克。身较矮且较壮，无颊囊，眼、耳均小，肢短，爪长而坚硬。体毛密厚，尾毛甚薄，后足足底肉垫光滑无毛；体色从赤肉桂色和栗褐色至灰带铅色，体腹面灰白色，头顶有时有一白色纵纹，颏至喉部有一短白带。乳头4对，其中胸部上2对、腹部上2对。颅骨甚宽展，宽约为颅长的83％。鼻骨长约为颅长的85.5％，其后端超过眼眶前缘水平线。上门齿远向前突出，这是该品种的主要特征。小竹鼠穴居于草地和树林等生境，有时也在花园筑洞，用门齿及爪挖掘洞道，速度甚快。洞道常筑在地下有石块的坚硬土地之中。日间睡于洞中，傍晚出洞活动。虽称竹鼠，但实际上是以多种植物为食，包括嫩草、根以及去壳的稻谷、南瓜等农作物。

（五）红眼白竹鼠

红眼白竹鼠是新发现的竹鼠品种。现在饲养的白竹鼠有两种：一种是黑眼白竹鼠，是银星竹鼠的变种；另一种是红眼白竹鼠，其繁殖的后代全部是红眼白毛。红眼白竹鼠的体形、特征和生活习性与银星竹鼠完全相同，只是特别温顺和美丽，因数量非常稀少而珍贵。

二、竹鼠的生活习性与活动规律

竹鼠以芒草根、芒草秆、芒竹枝叶、竹笋、竹根、茅草根、红薯、木薯、象草秆、鸭脚木、杧果树枝以及一些杂草种子和果实为主食，也采食禾本科植物如玉米、高粱、稻谷、小麦、甘蔗等的根、茎、叶和种子，还喜欢吃胡萝卜、荸荠、凉薯、西瓜皮和甜瓜皮。人工驯养后，对配合饲料、瓜子、大米饭尤为喜爱。可见竹鼠对食物要求不严格，饲料来源广泛。竹鼠食量少，1只成年竹鼠1天仅消耗精饲料40～50克，粗饲料200～250克。白天少吃多睡，夜间采食旺盛。它仅从饲料中摄取水分而不直接饮水，因此要注意饲料的含水量，夏天气温高宜喂含水较多的饲料，冬天气温低则相反。

竹鼠属夜行性动物，野生时穴居洞内，喜在阴暗、凉爽、干燥、洁净的环境中生活。它耐低温，怕酷暑，尤其怕阳光直射，也怕风吹雨淋，如冬天冷风直吹又缺少窝草就极易死亡，所以防风吹比防热更为重要。竹鼠生长繁殖的适宜温度是 8～28℃，经人工驯养后，亦能逐渐适应高温环境，如环境安静，饲料配合得当，酷暑期也能配种和正常繁殖。当环境温度过高时，表现为采食减少，腹部朝上而睡，骚动不安，半小时后死亡；而温度过低时，表现为腹部紧缩，躁动不安，"哇、哇"鸣叫。竹鼠喜在安静环境中生活，怕人为刺激，如受强烈刺激，便发出"咯、咯、咯"或"呼、呼"的声音。

竹鼠喜公母群居，陌生幼鼠合养后很少打斗，只有在抢食、闻到特殊气味或受到强烈刺激产生惊恐时，才互相撕咬。将装过猫、狗及其他兽类的铁笼移近鼠池，竹鼠闻到天敌的气味或其他兽类的气味，也会惊恐不安而互相撕咬。青年或成年竹鼠混养时，先是互相闻味，如果是发情公母鼠就很少撕咬，如果是未发情的公母鼠则打斗不休。不同族的两只公鼠放在一起也会斗个你死我活。原来配对的公母鼠，因产仔而分开，断奶后重新合群，有时也会撕咬。如果公鼠进窝见到带仔母鼠时，往往先将仔鼠咬死才与母鼠同居（在极个别情况下，公母鼠合养，母鼠产仔时，公母鼠不分开也能和平共处）。因此在母鼠产仔时，公母鼠必须分开饲养，要严防公鼠窜入带仔母鼠池，以免造成不必要的损失。

野生竹鼠多穴居于竹林或茅草山地洞穴，其洞道复杂，分为主洞道、穴窝、取食洞和避难洞等。主洞道距地面 20～30 厘米，与地面平行分布。穴窝位于主洞道中，内垫有竹叶、竹枝、树叶或干草，是休息和繁殖的场所。取食洞为主洞道的分岔，是为取食竹子或芒草地下茎而挖的洞道。避难洞位于穴窝附近的深处，距地面 0.5～1.5 米，竹鼠受惊时即钻入避难洞中并继续向前挖掘，不断用泥土堵塞洞道。

第三章　人工生态高产优质养竹鼠的理论与方法

一、人工生态养竹鼠的理论基础

当前，许多地方驯养野生经济动物成功后，人们惊奇地发现，家养的野生经济动物肉质发生了根本变化，肉味没有野生的那么鲜美了（人工养的鳖表现尤为突出）；一些家养的药用动物药用功能降低了（如家养的蛤蚧、毒蛇），这是因为其生态环境和食物结构被人为改变后的结果。

本书作者陈梦林从事野生经济动物研究、驯养 20 余年，归纳出 12 个字，即"模拟生态，优于生态，还原生态"。

"模拟生态"就是仿照野生经济动物原来的生活环境，尽量在窝室建筑和饲养管理方面创造接近其原来的生活条件，这样驯养就容易获得成功，但是不能获得高产。因为现在大气污染严重、自然环境恶化，野生动物能采食到的天然食物已没有原来的那么丰富，很难发挥其潜在的生长优势，所以生长缓慢，繁殖能力低下。必须在模拟生态的基础上，运用科学的方法进一步优化生态条件，如为驯养的野生经济动物提供比自然界更充足的奶和蛋白质（活体饵料），这样才能使家养后的野生经济动物生长快、产仔多且成活率高，从而达到高产的目的。但是，一些杂食和肉食动物在自然界中所需的动物蛋白质是靠采食活体饵料获得的，家养后改喂人工配合饲料，违背了它们原来的生态条件，改变了它们的食物结构，所以会出现肉质变差、药用功能降低的现象。随着驯养野生动物生长速度的加快和生产规模的扩大，这一现象更加突出，导致驯养的野生动物市场价格大大降低。所以，还要对已获得高产的驯养野生动物进行生态还原，让它们重新回到野生状态，这样才能达到既高产又优质的目的。可以说，"模拟生态，优于生态，还原生态"是驯养野生经济动物的一条重要法则。人工养竹鼠也必须遵循这一法则。

陈梦林在《特种养殖活体饵料高产技术》（上海科学普及出版社 2000 年 10 月出版）一书中，首次提出"模拟生态，优于生态"的理论，后来经过 8 年多的探索和实践，发现"模拟生态，优于生态"的理论只适合当时的小规模生产，不适合正在发展的产业化大生产。因为现代工业产业化大生产的饲料生产工艺流程彻底改变了模拟生态的养殖方式，结果表明，生产规模越大，驯养的野生动物肉质变性越严重。为了解决这个问题，我们开展了对不同特养品种人工生物链技术的全面研究，确定既要质量又要产量、既要速度又要效益的目标，补充提出"还原生态"的理论。通过认真学习、实践科学发展观，使广西的特种养殖业在正确理论的指导下获得了迅猛发展，也为正在发展的竹鼠产业提供了强大的技术支撑。

要想驯养的野生竹鼠获得高产又保持原有野生特色，必须认真研究其自然生态，从研究其食物结构及其人工生物链入手，进行仿生、优生再还原为野生的驯养。仿生过程环境是重点，优生过程营养是重点，还原过程品质是重点。仿生驯养野生竹鼠成功后，就要用优生迅速提高产量，然后再用一段时间来回归自然——在创造生态环境和人工生产饲料方面下功夫，将其还原为野生状态，使其肉质和药用功能转变或恢复到野生水平，从而大幅度提高人工养竹鼠的经济效益。这是本章的精髓，也是本书的特色。

当前，生态养竹鼠产业化条件已经成熟。运用人工生物链技术大力发展生态养竹鼠，不仅可以大大降低饲养成本，提高竹鼠产品的产量和质量，还能充分利用废物，化害为利，推动环保养竹鼠产业的发展；以最低的生产成本，建立人工养竹鼠的生态良性循环，较好地实施生态竹鼠产业可持续发展战略。

二、模拟生态养竹鼠方法 —— 入门诀窍

刚开始人工驯养时，竹鼠种源缺乏，长途运输种鼠也不容易。贫困山区的农户要发展竹鼠养殖，应设法解决种鼠来源的问题。我国南方山区盛产野生竹鼠，当地农民最喜好捕捉野生竹鼠，所以可在当地捕捉或到当地市场选购野生竹鼠加以驯养。

1. 寻找、捕捉野生竹鼠的方法

站在山坡高处往下看，如发现小片竹林或芒草枯黄，说明这里地下有竹鼠窝穴。在大片竹林中，如发现竹根附近堆积有大量新鲜松动的碎泥和竹鼠的新鲜粪便，也说明竹根下面有竹鼠窝穴。在这些地方挖掘，十有八九能找到野生竹鼠。

竹鼠洞深而且多有分岔，洞道向上方和左右弯曲，藏于竹苑深处，单靠挖穴和往洞中灌水，很难将竹鼠驱出到洞外。由于竹鼠没有喝水的习性，如强行灌水，会迫使竹鼠喝饱水才跑出来，这时即使捉住也难养活。简便有效的捕捉方法是先扒开洞口的松土，在洞口堆上干草点燃，后添加生草和新鲜树叶，并向火里投放几个干辣椒，使燃烧时冒出大量呛鼻的黑烟，然后将黑烟扇进洞内，1～2分钟后竹鼠抵不住呛辣烟熏，便会跑出洞外而被擒获。但烧草熏烟容易引起山林火灾，操作时应特别小心。

现介绍一种竹筒吹烟进洞法，比较安全，效果也好。制作一个长而大的吹火筒（比农家常用的吹火筒大1倍以上），在吹火筒里放100克木糠（锯末）和1～2个干辣椒，点燃火后，将充满黑烟的竹筒对准扒开的洞口，把带有辣味的浓烟吹进鼠洞，2～3分钟后竹鼠就会跑出来。成年野生竹鼠被烟熏刺激后冲出洞口时十分凶猛，见人就咬，如不注意捕捉方法很容易被它伤害。当竹鼠

冲出洞口时，不能用木棍敲打或按压，应该利用麻袋或塑料编织袋套捉竹鼠并放进铁笼，采用一窝一笼的方式将它们装运回家驯养。

2. 驯养野生竹鼠的原则与方法

如果不了解野生竹鼠的生活习性，没有掌握好驯养的原则与方法，驯养野生竹鼠就难以成功，常常是竹鼠关在一起就打斗不休，不吃食物。人工驯养野生竹鼠的原则是模拟生态，即仿照竹鼠在山坡竹林打洞穴居的生活环境，尽量在鼠窝、鼠池的建造及饲养管理方面创造出接近它原来野生的生活条件，如串窝群居，一洞做窝，喜吃芒草、竹枝、草根，白天睡觉晚上活动，一窝为一群等。如能模拟自然生态，达到它原来野生的生活条件要求，驯养就会成功。

（1）消除竹鼠对人的陌生感，实现人与竹鼠和谐相处。这是非常关键的一步。饲养员要研究接近竹鼠的方式，既要注意自身的安全，又不使竹鼠感觉受到威胁而增加恐惧，最好是选择竹鼠喜欢吃的饲料，用投喂饲料的方式来接近驯养的竹鼠。通过饲养员与竹鼠的亲密接触，消除竹鼠对人的陌生感和恐惧感，实现人与竹鼠和谐相处，使竹鼠能接受饲养员的喂养和管理。但是人工模拟是有限的，提供给竹鼠的各种条件不可能与竹鼠的野外生存环境完全一致。正是让被驯养的竹鼠慢慢适应这种"不一致"，野生才慢慢转变成为家养，驯养才算基本成功。

早期驯化，就是利用幼龄机体可塑性大的特点，抓紧在幼年竹鼠的早期发育阶段对其进行驯化。生产实践证明，幼年竹鼠的驯化效果明显好于成年竹鼠。

（2）生态环境模拟，主要是建造生态竹鼠场和竹鼠池。竹鼠场是根据竹鼠的野外生存环境、生活习性特征进行模拟而用人工建成的。竹鼠场地要选择背风向阳、环境安静、卫生的地方。根据竹鼠养殖计划，在竹鼠场地内要建造竹鼠房（或称竹鼠窝）和池。竹鼠房要适合竹鼠栖息、繁殖，冬暖夏凉。竹鼠池中也可建造一些竹鼠洞穴，保持阴暗和凉爽，便于竹鼠在洞中栖息。竹鼠池的内壁表面要光滑，使竹鼠无法攀逃。房门及孔道皆设有封锁设备。竹鼠大池内要用水泥空心砖连成有空隙的洞道，竹鼠可在洞道中栖息。在场内自然条件的基础上再补充人工条件，营造竹鼠生活的良好环境，如场内有树林、草地、水流，并种有相当数量的竹鼠饲料植物。

总之，竹鼠房与竹鼠池是根据竹鼠的生活习性，模拟竹鼠的生活环境而建造的，以使竹鼠的活动、觅食、繁殖、栖息等如同在自然界中，使得从野外引捕的竹鼠能尽快适应在池内饲养。

竹鼠封闭式饲养更要重视鼠洞环境的模拟，这是生态驯养竹鼠的关键。鼠洞是竹鼠栖身的主要场所，是最基本的生活单位。了解竹鼠的洞穴生存环境，尽量从人工条件上满足其生活要求，对人工驯养竹鼠具有极其重要的意义。

（3）食性模拟。根据竹鼠的食物链在竹鼠场的外围建立相应种类、规模的牧草、竹皇草、甜玉米、甘蔗生产基地，要按比例进行不同规模的生产布局，保证青料、多汁饲料一年四季不中断。应用人工生物链连接技术，把竹鼠同其所需的青饲料生产按比例紧紧连在一起。

（4）繁殖模拟。竹鼠人工生态稳产高产繁殖系统是建立在繁殖模拟基础上的，主要是做好自然交配环境的模拟。人工饲养后，竹鼠的活动空间大大缩小了，特别是竹鼠繁殖池很小，饲养幼年竹鼠和商品竹鼠还可以，饲养种竹鼠是不利于交配的。在配种季节，种竹鼠要放到大池里，公母按比例组配群养，尽量接近野生竹鼠自然交配环境，才能提高人工养竹鼠的配种率和繁殖率。

（5）驯养操作四原则。

①选择无伤病、身体健壮的野生竹鼠作为驯养对象。在集市上选购竹鼠，应选择没有伤残、牙齿完好的个体做种，特别要注意检查是否有内伤或被毛深处的外伤。在不同地方购进的竹鼠，不能合笼，应单笼运回进行驯养。

②小群暂养。为防止打架，捕捉或购回的竹鼠应以一窝为一群暂养一段时间，使竹鼠适应人工饲养的环境。前3天竹鼠可能不吃不动，尤其是白天，这是正常现象，待适应环境后，竹鼠会慢慢采食并开始活动。暂养时间为5～7天。

③检查并治疗外伤。尽管在购买时已仔细检查，但在装笼运输过程中仍可能引起轻微外伤，故放进窝时还要仔细检查并医治外伤。一般用碘酒、磺胺结晶粉、利福平、紫药水等涂搽，伤口较深的可撒些云南白药。

④驯食。这是饲养竹鼠成败的关键。对于野生竹鼠，驯食前要研究其生活环境。在市场购买时，要询问卖主是从什么地方捕获的。如果是在竹林、山坡捕获，驯食则先以嫩竹枝、竹笋作为诱吃食物，同时添加芒草秆、玉米秆，逐渐扩大到其他食物；如果是在芒草产地捕获的，则先以芒草秆、玉米秆作为诱吃食物。诱吃成功后，可逐渐减少诱吃所用的单一食物，过渡到喂多样化饲料，并加入精饲料使竹鼠获得全价营养。驯食时要耐心细致，如无法了解竹鼠的食性，可用各种野生食物分别试喂。驯食的原则是由喂野生芒草秆、竹枝、茅草根，逐渐改喂人工栽培的甘蔗茎、象草秆、红薯、玉米粒及其他杂粮，然后过渡到喂配合饲料。在竹鼠尚未采食提供的野生食物之前，决不能喂配合饲料。经过这样耐心细致的驯食，一般都能驯养成功。

三、优于生态养竹鼠方法 —— 高产诀窍

"模拟生态"驯养竹鼠可获得成功，但是不能获得高产。因为现在大气污染严重、自然环境恶化，野生竹鼠能采食到的天然食物已没有原来那么丰富，很难发挥其潜在的生长优势。所以在自然状态下竹鼠生长缓慢，繁殖能力低下。必须在模拟生态的基础上，运用科学的方法进一步优化生态条件，如为驯养的野生竹鼠提供比自然界更充足的植物蛋白质，这样才能使家养后的野生竹

鼠生长快、产仔多且成活率高，从而达到高产的目的。优于生态竹鼠养殖法的目标是高产，营养与科学管理是重点。由于竹鼠的饲料生产方式和竹鼠场地理环境的不同，各地要因地制宜走自己的生态养竹鼠高产之路。可针对以下几个方面开展工作。

1. 优化组群

野生竹鼠驯养成功后，必须进一步优化组群，才能提高竹鼠的繁殖率和后代的体重。如以饲养 3 池（3 笼）为一群，共养 15 只，即将不同窝、体质健壮、大小一致的种鼠按 12 只母鼠配 3 只公鼠为一个群体，共放在 3 个连通池内饲养，母鼠怀孕后期须隔离饲养，哺乳母鼠断奶后再放回原群饲养。这样组群能防止近亲交配，符合竹鼠群居的习性。3 个池连通又能使竹鼠得到充分运动，这样可以获得优良、健康的后代。

2. 青饲料规模生产

针对自然界竹鼠的食物减少，强化青饲料规模生产。按竹鼠场的养殖生产规模、竹鼠的生长速度、每天投喂次数和每次投喂量，精确计算出青粗料、多种维生素和矿物微量元素的月需要量，安排好生产和采购，让竹鼠获得丰富的食物，充分发挥其生长潜在能力。

3. 加大精饲料的投喂数量

针对自然界竹鼠生长缓慢的特点，加大精饲料的投喂数量，以加快竹鼠的生长速度。

4. 补充多种维生素和其他营养

针对自然界竹鼠获得的营养不全面，通过饮水或拌料补充多种维生素和其他营养，以提高人工养竹鼠的繁殖率和成活率。

5. 给母鼠喂奶，训练其喝水

针对自然界多数母竹鼠产仔哺乳后期普遍缺奶的现象，要训练竹鼠喝水，通过补水，防止母鼠缺水吃仔；还可以通过给母鼠喂奶转哺乳仔鼠，提高仔鼠产出率。

6. 用 EM 生态除臭保洁

针对人工养竹鼠密度增加，舍内空气污染严重的情况，要加大除臭保洁力度。应用 EM 活菌剂除臭，还能提高竹鼠的消化吸收能力，实现除臭、防病、促长。

四、还原生态养竹鼠方法 —— 高效益诀窍

1. 在什么情况下需要进行生态还原

人工养竹鼠经过产业化大生产获得高产以后，如果出现竹鼠肉质已变性、药用功能降低，就需要进行生态还原。按照人工养竹鼠的改变程度和经营目标，又分为整体还原、部分还原、单项选择还原三种类型。

（1）整体还原。适用于饲料已完全改变或在竹鼠小池里将竹鼠养大的情况。用这些方法获得高产的竹鼠肉质已变性，药用功能已降低。因此，为了使竹鼠肉达到食用生态标准，恢复其药用功能，需要在养竹鼠过程中进行整体还原。这就要求竹鼠的饲料和运动量慢慢恢复到接近野生状态。

（2）部分还原。有些生态竹鼠场建设在自然保护区，但是饲料生产供应不足，需要从外地运来补充。用这种方法养竹鼠获得高产后，只需部分还原，即增加饲料的种类和数量，使食物结构臻于完美。部分还原，可全部恢复竹鼠的药用功能，这一点非常重要。

（3）单项选择还原。竹鼠池、竹鼠房养的商品竹鼠要还原的项目很多，放入竹鼠场后，只是增加运动量，仍可有条件投喂原来的饲料，使其达到食用生态标准。这类竹鼠还原目标明确，操作简单，将被广大商品竹鼠场编入产业化生产流水线。

2. 还原生态养竹鼠的操作方法

（1）还原生态养竹鼠的技术路线。还原饲养是驯化饲养的逆转过程，原来怎样驯化成为家养的，现在转按原来的路线怎样返

回去，将家养竹鼠返回到野生状态。

（2）还原过程。

①放养。由室内饲养转向室外放养。室内饲养达到商品出售规格时，将商品竹鼠放进露天竹鼠场放养，环境尽量模拟野生状态。

②活动场。活动场地比圈养大 10 倍以上，饲养密度降到原来的 1/10 以下。

③饲料过渡。用 20～30 天的时间，完成饲料缓慢过渡到仿野生配方，并尽量以植物性饲料投喂为主 。

④血液、细胞更新。给竹鼠加大运动量 4 个月，在露天竹鼠场里自由采食 3 个月后，竹鼠体内的血液、细胞液已全部更新为野生状态。

⑤对还原生态竹鼠进行品质鉴定。简单的鉴定方法是用同一种自然野生竹鼠与人工饲养还原的野生竹鼠分别煲汤，两种汤的鲜味一样，说明还原合格，可作为商品上市出售。如果两种汤的鲜味不一样，说明还原时间不够，还要继续放养，直到两种汤的鲜味完全一致。

（3）还原生态养竹鼠操作的注意事项。

①环境建设要更接近自然。有条件的在天然林区大范围圈养效果更好。如果是人工造林，品种不能单一，要求草地、灌木、乔木混交，以满足竹鼠野外生活的各种需求。

②竹鼠场周边建立若干种饲料生产基地（或储存室），定时定量放入竹鼠，供竹鼠自由采食。

③按还原竹鼠的品种和数量来设计饲料生产计划，保证有充足饲料供竹鼠采食，让竹鼠在还原期间不掉膘，甚至继续增重。

④进行多元化饲料生产。在自然生物链中，多数竹鼠采食到的食物不是一种，而是数种。所以，要按竹鼠的不同需求进行多元化饲料生产。食谱中要有 2～3 种饲料，还原饲养才能成功。这是还原饲养的要点和难点，需要特别注意。

第四章　竹鼠饲养场地的选择与窝室的设计

一、饲养场地的选择

　　野生竹鼠是在远离人烟、僻静的山坡竹林营地下洞穴生活。根据这一特点，饲养竹鼠的场地总的要求是安静、阴凉、干燥，夏季易于降温避暑，冬季能够避风保暖。城镇饲养场地以远离主要交通干道 50 米以外、僻静的地方为宜，因为在城镇郊区建场有利于采集饲料和清除粪便。农村饲养场地也要建在远离公路的僻静处，以在山坡、果园、水库边或岩洞里最为理想。若在村屯利用猪舍、牛舍等旧房改建的，要求阴暗、干燥、僻静和冬暖夏凉，还要有防止狗、猫侵袭的设施。

二、建造窝室的基本要求

　　竹鼠窝室尚无固定的建造模式，但从满足竹鼠生活习性、有利于竹鼠生长繁殖、便于打扫卫生、安全和廉价等因素考虑，建造竹鼠窝室要注意五个方面：一是阴暗避光或有洞穴可以躲藏。要求竹鼠池池底光线较暗，平时上面加盖板，大竹鼠池内要安放若干空心水泥砖，造成人工洞穴，以便竹鼠进洞躲藏，池面仍需部分遮挡。二是便于投料和打扫卫生。饲养繁殖母鼠，一定要有固定的投料间，不可把饲料投到它的住室里。三是要求冬暖夏凉。在阳台或楼顶建造窝室，要有辅助降温和防止风雨侵袭的设施。

四是防止竹鼠爬墙或打洞逃跑。窝室内壁和池底要用水泥砂浆抹平加固，池高达 70 厘米。用水泥板块制成笼舍饲养的，笼盖要用铁丝拴紧、扣牢，以防竹鼠拱开水泥盖逃跑。五是应建造不同用途的饲养池。在设施完善的竹鼠养殖场，至少要建包括繁殖池或笼（小间）、配对配组池（中间）、群养池（大间，或三池一组的中池，池与池之间应有洞穴连通）等三种类型的饲养池。这样才便于科学分群管理，使竹鼠获得足够的活动空间，利于其生长繁殖。

三、窝室的种类与营造方法

我国人工养殖竹鼠时间不长，但各地建造的窝室却多种多样，初步统计已有五大类共 11 种，现分别介绍如下。

1. 水泥池

水泥池高度为 70 厘米，用砖或石头砌成，内壁四周用水泥砂浆涂抹光滑。按用途可分为大池、小池、连通组合池、隔离繁殖池和漏缝除粪池。

（1）大水泥池。每池面积 2 平方米以上，池内放置若干水泥空心砖或瓦罐、瓦管。大水泥池适合断奶 1 个月以后的幼竹鼠群养，也作为青年竹鼠合群、配对使用。优点是造价低，容量大；缺点是占地宽，不利于竹鼠的繁殖。

（2）小水泥池。每池规格为 70 厘米×80 厘米，可饲养成年竹鼠 1 公 2 母或刚断奶的仔竹鼠 8～10 只。优点是易于观察竹鼠配种和采食情况；缺点是母竹鼠怀孕后期须移入产仔室。

（3）组合连通池。由 3 个小池下面打洞连通而成，圆洞的直径为 12 厘米，或为 12 厘米×15 厘米的长方形洞。该池可饲养后备种竹鼠和 1 公多母群养的成年种竹鼠。优点是适应竹鼠喜群居和窜洞玩耍的习性，竹鼠运动量大，有利于增强体质，同时饲养量可扩大 2～3 倍；缺点是采食、配种情况不易观察，母竹鼠怀孕后期须移入产仔室，打扫卫生也不方便。

（4）繁殖隔离池。由 2 个小池组成，一边是窝室，另一边是运动场和投料间。窝室规格为 25 厘米×35 厘米，底部比投料间深 2 厘米，池面加盖；投料间和运动场大小为 40 厘米×70 厘米。两池底部有直径为 12 厘米的连通洞，底面由里向外倾斜，外墙底部有一个直径为 0.5 厘米的排水孔。怀孕后期的母竹鼠或需要隔离观察的公竹鼠可放入繁殖隔离池单独饲养。平时将食物投放到投料间，竹鼠会把食物衔进洞内。窝室的大小以仅能容纳 1 只母竹鼠在内产仔为宜，如过大，里面会存积食物残渣或粪便，加上竹鼠习惯只将身边的粪便和食物残渣推出洞外，而远离睡处的粪便和食物残渣就不管，故窝室过大反而不利于打扫卫生。这种窝室的优点是营造容易，管理方便；缺点是占地较宽，饲养量小。

（5）漏缝除粪池。其结构、用途与小池相同，只是地板架离地面，装有漏缝地板。优点是自动漏粪；缺点是造价高，夏天地板下蚊虫多，冬天垫草易从地板漏掉，不方便管理。现在多数竹鼠场已经改进了漏缝除粪池，上面改成水泥薄板，在靠近人行道一侧开一个 12 厘米的网状小圆洞，下面接个粪桶，清洁时将粪扫到小圆桶，让粪自动掉到桶里。

2. 水泥薄板组装笼

水泥薄板组装笼由原广西南宁地区竹鼠养殖培训中心设计，全部采用 2.5 厘米厚的水泥薄板组装而成。以下是其规格及安装方法。

（1）底板：宽 40 厘米、长 50 厘米，每块底板有 2～3 个直径为 0.2 厘米的小洞，以利于通气排水。

（2）前后板：高 28 厘米、长 50 厘米。

（3）上盖板：宽 40 厘米、长 50 厘米，中间开有 15 厘米×20 厘米的洞门，洞门上有相应大小的水泥盖，水泥盖与盖板之间固定有插销，加盖后插上铁线以便固定扣紧。

（4）隔板：有两侧隔板和中间隔板。两侧隔板宽 35 厘米、高 28 厘米；中间隔板大小与两侧隔板相同，只是右下角开有一个直径为 13 厘米的圆洞，以便竹鼠从窝室出到运动场。

（5）窝室：内空间长、宽、高分别为 35 厘米、35 厘米、28 厘米。

（6）运动间：内空间长、宽、高分别为 70 厘米、35 厘米、28 厘米，运动间前面和底面布以铁栅栏，铁栅条采用直径为 0.4～0.6 厘米的钢筋，间隔 1.5 厘米。

在水泥板的对应部位设有直径为 0.3 厘米、深 1.5 厘米的洞，在组装时插铁钉或竹钉加以固定。这样按顺序组装起来可构成两室一厅的一个单元，用于饲养 1 公 2 母为一组的成年竹鼠或 8～10 只幼竹鼠。

水泥薄板组装笼的优点是可以画成图纸，由水泥制品厂按图纸批量生产，运到养殖场组装，组装时可以分层叠放，实行立体化养殖，充分利用空间，母竹鼠繁殖成活率高；缺点是下层不易清洁和观察，母竹鼠产仔时要将公竹鼠和另一只母竹鼠移开，鼠笼制作比较困难。

3. 小水泥池套产仔笼

在小水泥池上套放一个隔离繁殖池，将这两种类型的水泥池、笼组合起来，取长补短。将水泥薄板制作的产仔笼套装在小水泥池高度 1/2 的位置架离地面，笼底采用漏缝粪板。优点是配种、繁殖、护理都很方便；缺点是制作工艺复杂，造价高。

4. 地下窝室

（1）室内地下窝室：在室内挖一个直径 60 厘米、深 60 厘米的圆洞或长、宽、深分别为 60 厘米、50 厘米、60 厘米的方形池，周围砌砖抹水泥砂浆，高出地面 10 厘米，然后在离底部 3～5 厘米高的池壁上相对的两点各挖一个长、宽、深分别为 25 厘米、25 厘米、30 厘米的洞穴，洞穴内用水泥砂浆抹光滑，或安上一个直径为 25 厘米的圆形瓦罐，内放垫草供竹鼠做窝。池面上有盖板，盖板中央开设一个直径为 12 厘米的投料孔。这种池子的优点是造价低，冬暖夏凉，可充分利用地下空间，适合在城镇推广；缺点是通风透气差，要经常更换潮湿的垫草，要严格控制投喂料水分，以保持室内干爽。

（2）室外地下窝室：在野外，选择土质坚实的坡地，开挖出60～70厘米宽的平台，然后往下挖直径为40厘米的圆洞（也可以是边长为40厘米的正方形洞），洞深40～50厘米，底部靠外装有圆形炉栅，作为排粪、通风之用。将炉栅下方3～5厘米处的土刨掉，里外抹上2厘米厚的水泥砂浆。挖洞成排营造窝室，两室间距25～30厘米，每2～3个室为一组，有横洞相通。窝室上面盖5厘米厚的水泥板，水泥盖板中设一个12厘米×15厘米的门，配有相应大小的门盖和固定门盖的铁插销，板上铺盖塑料薄膜防雨。野外窝室的优点是制作简单，可在林区、果园建造，使竹鼠有回归自然的感觉；缺点是不安全，缺乏防逃、防盗设施。

野外洞穴式竹鼠窝室要求防雨、防逃和能够窜窝运动，做到安全、方便投料、易于观察与科学管理。建造技术应掌握以下几点：一是窝室内壁须坚固。如建造地段土质疏松，应用砖砌后抹水泥砂浆；二是上面的水泥盖板要沉重，保证竹鼠推拱不动，投料门盖要设插销固定；三是两窝之间的连通洞内壁也要坚固，最好能埋入短的小瓦管；四是搭配建立单个繁殖隔离池，野外窝室与繁殖隔离池的数量比例为3∶1，母鼠怀孕后期应移至繁殖隔离池饲养；五是窝室外围须开设排水沟；六是大批量饲养，应在室内建3～5个大、中型水泥池，供幼竹鼠合群饲养；七是在光秃山坡建造窝室，应在距离窝室2米远处种植竹木以利遮阳。

5.岩洞内建池饲养

岩洞内建池饲养即在耕作区旁边的岩洞内建造成排的小水泥池，群养或配对配组单池饲养。平时关好洞门，每天开门进洞投料1次。岩洞内建池饲养的优点是接近竹鼠野生环境，造价低，繁殖成活率高，适合在山区推广；缺点是不安全，管理不便。

四、大群饲养竹鼠池的科学布局

　　大群饲养选建什么样的竹鼠池，要因地制宜。笼养可充分利用空间，实行立体化饲养，节约场地，饲养量大，产仔成活率高。但从科学管理来看，笼养竹鼠无论是采食、配种或防治疾病都不便于观察，夏天散热降温效果差，驱虫困难。

　　如果在室内饲养，只要场地许可，最好用小水泥池圈养，这样能克服笼养的不足，饲养管理方便。少量饲养有 2～3 个小池即可。母竹鼠繁殖产仔时，可将公竹鼠移到隔离池饲养。大群饲养，要按比例建造繁殖隔离池（小池）、配对池（中池）、后备种竹鼠和肉竹鼠饲养池（大池），见图 1。大池、中池、小池数量的比例是 1：2：4，即每 4 个繁殖隔离池要配 2 个中池和 1 个大池。

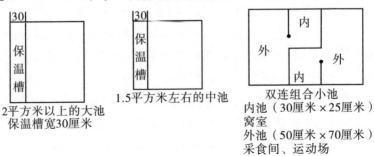

图 1　大池、中池、小池平面示意图

　　饲养规模较大（即饲养种竹鼠 300 对以上）的，建池时要考虑节约材料、合理布局、提高饲养量和便于科学饲养管理。竹鼠池的设计要因地制宜，要求排列组合紧凑。实践表明，采用墙边单列小池和中池以及中央小池与大池相结合，把各种不同用途的水泥池组合在一起，既能提高饲养量，又利于科学分群和科学饲养管理，是目前较为理想的一种大群饲养竹鼠池。

　　竹鼠养殖有很多窝室（池），但哪些才是最简单最常用的呢，通过比较，陈梦林经过全面的考察后，于 1998 年设计的第六代改良的大、中、小水泥池是最简单最常用的（见图 2）。

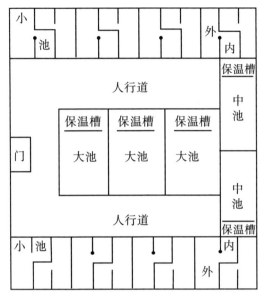

图 2　大群饲养舍内竹鼠池平面示意图

第五章 竹鼠的营养与饲料

根据营养原理、饲料成分和竹鼠各阶段生长发育的需要，选择适当的饲料合理搭配，采用科学的方法进行饲喂，能显著提高竹鼠的生产性能。

一、竹鼠需要的营养物质

1. 蛋白质

蛋白质是生命活动的基础，是构成竹鼠身体肌肉、内脏、皮肤、血液、体毛等组织和器官的主要成分。蛋白质在生命活动中的作用是其他营养物质所不能替代的。要使幼鼠生长发育良好、种鼠繁殖力强，必须保证日粮中含有足够的蛋白质。野生竹鼠嗜食植物，以竹根、芒草秆为主食，在自然环境中采食获得的蛋白质较少，所以生长缓慢，9～10月龄甚至更长时间才能成熟。改为家养后，喂给配合饲料，饲料中的蛋白质含量大大提高，竹鼠的生长成熟期明显缩短，6～7月龄就能成熟。

2. 糖类

竹鼠体内能量的70%～90%来源于糖类即碳水化合物。在竹鼠体内，糖类主要分布在肝脏、肌肉和血液中，占体重不到1%，主要功能是产生热能，维持生命活动和体温。如果竹鼠摄取的糖类过多，便在体内转变成脂肪而沉积下来，作为能量贮存；如果日粮中糖类不足，竹鼠便利用体内蛋白质和脂肪作为热能来源。因此必须供给竹鼠充足的能量饲料，如甘蔗、玉米、凉薯、马铃薯等，以满足竹鼠对热能的需要。

3. 脂肪

脂肪属于高能量物质，主要作用是产生热能（所产生的热能相当于同等重量糖类的 2.25 倍），有助于对某些脂溶性维生素（如维生素 A、维生素 D 等）的吸收利用。但竹鼠体内的能量来源主要是糖类而不是脂肪，竹鼠体内沉积的脂肪大部分也是由饲料中的糖类转化而来。因此，平时不需要专门给竹鼠补喂很多的脂肪性饲料，只需在哺育幼竹鼠期、发育期以及冬季适当供应黄豆、花生等，占饲料总量的 2% 即可。脂肪不易消化，不能摄取过量，以免消化不良，引起下痢。

4. 矿物质

矿物质是竹鼠生长发育、增强抗病能力必不可少的营养物质，常用的有钙、磷、钠、钾、氯、铜、铁、钴、锰、锌、碘、硫、镁、硒等 14 种。

（1）钙和磷：是构成竹鼠骨骼的主要成分。钙是竹鼠体内含量最多的矿物质，在骨骼和血清中含有大量的钙。母竹鼠怀孕期间，血清含钙量比平时高。细胞活动和血液凝固都需要钙质。钙和磷以磷酸钙的形式存在于竹鼠体内，还有一小部分磷与镁结合成磷酸镁存在于血清、肌肉和神经组织中。如果竹鼠的日粮中缺乏钙和磷，会引起软骨病、软脚病、幼竹鼠发育不良和佝偻病等。各种豆类和骨粉富含钙和磷，农作物秸秆也含有少量的钙和磷。谷物中磷多钙少，在饲料配合时应注意搭配。

（2）钠和钾：存在于竹鼠的体液和软组织中，常与氯或其他非金属离子化合成盐类，主要功能是维持血液的酸碱度和渗透压。饲料中一般不会缺钾，钠可从食盐中得到补充。家养竹鼠常用淡食盐水拌精饲料以补充钠。

（3）铁、铜、钴：是造血的重要物质。铁是血红蛋白的重要成分，如缺铁就会发生贫血。红黏土中含有大量铁，豆科和禾本科作物籽实、青绿饲料也含有一定量的铁。铜是形成血红蛋白所必需的催化剂，如缺铜则影响铁的正常吸收，同样会产生贫血。

钴是维生素 B_{12} 的主要成分，而维生素 B_{12} 有促进红细胞再生与血红素形成的作用，因此，缺钴会引起恶性贫血。

（4）锰、锌、碘、硫、硒：这些元素在竹鼠体内含量甚微，但对竹鼠的正常生长发育和繁殖关系十分密切。

野生竹鼠所需的矿物质，相当部分是靠拱吃新鲜泥土获得，植物性食物中的供应极少。改为家养后，需补喂矿物微量元素添加剂，才能满足竹鼠生长发育的需要。

（5）维生素：是竹鼠新陈代谢过程中不可缺少的微量有机物质。常用的有维生素 A、维生素 E、维生素 K 和维生素 B 族等。

①维生素 A：可以促进竹鼠生长、增强视力、保护黏膜，在繁殖期、幼竹鼠生长期显得特别重要。各种青绿饲料含有丰富的胡萝卜素，在竹鼠体内能转变成维生素 A，是竹鼠维生素 A 的重要来源。竹鼠如果缺乏维生素 A，会出现夜盲症，生长繁殖就会停止。维生素 A 缺乏可通过喂鱼肝油丸来补充，每天 1 次，每次 1～2 粒，包在淀粉饲料中投喂；幼鼠每天喂 1 粒鱼肝油丸可促进生长。

②维生素 B 族：包括 10 多种维生素，其中与竹鼠生长关系较密切的有维生素 B_1、维生素 B_2、维生素 B_6、尼克酸等。它们的功能是促进生长发育，加速新陈代谢，增强食欲，健全神经系统。缺乏维生素 B_1，幼竹鼠会患多发性神经炎；缺乏维生素 B_2，幼竹鼠会食欲下降，生长停滞，足部神经麻痹；缺乏维生素 B_6，竹鼠会出现贫血，食欲不振，口鼻出现脂溢性皮炎；缺乏尼克酸，会导致竹鼠干瘦、脱毛。豆类、谷物外皮、青绿饲料等含有丰富的维生素 B 族。幼竹鼠和消化不良的竹鼠应常喂复合维生素 B 溶液。

③维生素 K：主要作用是促进血液正常凝固。缺乏维生素 K 时，竹鼠身体各部位出现紫色血斑。而各种青绿饲料均含丰富的维生素 K，所以，即使采用配合饲料喂养竹鼠，也不能中断喂养青绿饲料。

④维生素 E：又叫生育酚，与竹鼠繁殖机能有关，其作用是

增进母鼠生殖机能，改善公竹鼠体质。如缺乏维生素 E，竹鼠繁殖能力下降。在谷物类籽实和油料籽实的胚以及青绿饲料、发芽的种子里，都含有丰富的维生素 E。

（6）水：占竹鼠体重的 70%，可促进食物消化和营养吸收，还能输送各种养料，维持血液循环，并能排除废物、调节体温、维持正常的生长发育。竹鼠虽然需水量较少，但缺水比缺饲料的后果更为严重。竹鼠轻度缺水会食欲减退、消化不良；严重缺水会引起中毒死亡；特别是产仔哺乳期间，母竹鼠需水量为平时的 2～3 倍，如产仔时缺水口渴，会把仔竹鼠吃掉；哺乳期缺水无奶，仔竹鼠会饿死；夏天运输途中缺水，竹鼠极易中暑死亡。野生竹鼠没有直接饮水的习性，所需的水分全靠采食植物间接摄取。所以，给竹鼠喂料首先须考虑其水分的需要，尽量按比例搭配多汁食物。产业化大生产因投喂的饲料较干，应从小训练竹鼠饮水。

二、常用饲料及搭配方法

根据竹鼠采食的种类，竹鼠的饲料分为粗饲料、精饲料两大类。

1. 粗饲料

粗饲料占竹鼠日粮的 80%～85%。竹鼠属植食性动物，对粗纤维的消化率极高。适合喂养竹鼠的青粗饲料有芒草秆、象草秆、王草秆、茅草根、竹枝叶、竹秆、竹笋、竹根、西瓜皮、甜瓜皮、香瓜皮、玉米秆、玉米苞、玉米芯、甘蔗头、甘蔗茎、甘蔗尾、胡萝卜、红薯藤、鸭脚木、构树、木波罗枝、猫爪刺、地桃花根茎、杧果枝、榕树枝、禾草、水杨柳等各种农作物和草木的根茎。

2. 精饲料

精饲料占竹鼠日粮的 15%～20%。适宜喂养竹鼠的精饲料有马蹄（荸荠）、红薯、马铃薯、凉薯、玉米、薯干片、麸饼、谷粒、花生、绿豆、黄豆、大米饭、面条、葵花籽、西瓜籽、香瓜籽等。人工催肥竹鼠可用畜禽配合饲料、添加剂等。

3. 精粗饲料的搭配方法与饲喂数量

喂竹鼠的饲料不能过于单一，每天应喂粗料 2～3 种，常用的是玉米芯或玉米秆搭配甘蔗、竹枝叶，有时也搭配消暑饲料如茅草根、西瓜皮或中药饲料红花地桃花、鸭脚木等。竹鼠对竹类饲料尤为喜爱，每周至少需喂 1 次竹枝叶。每天的精饲料搭配 3～4 种，常用的是全价小鸡（或种猪料、种鸭料）料拌大米饭加少量生长素和一小片凉薯（或红薯、荸荠）。每天给竹鼠喂秸秆、竹枝叶饲料 200～250 克，另喂精饲料 40～50 克；怀孕及哺乳期的母竹鼠每天加喂精饲料 20 克。为使竹鼠获得全面营养，加速生长，饲料要精心选择和搭配，即投喂干料要与青料搭配，含水量多的饲料与含水量少的搭配。粗料缺乏，精料喂量要加大，反之亦然。

野生竹鼠没有采食肉类等动物性饲料的习惯，但家养以后从小驯食，也能采食猪骨、牛骨、羊骨及奶粉等动物性饲料。人工催肥竹鼠可在配合饲料中适当添加骨粉等，能加速竹鼠的生长。

三、配合饲料

1. 自制混合饲料

在农村饲养竹鼠，可利用自产的农副产品，并购买豆粕、骨粉和生长素，制成混合饲料，可降低饲养成本，而且效果很好。配方为玉米粉 55%，麦麸 20%，花生麸 15%，豆粕 7%，骨粉 3%，另按饲料总量的 0.5% 加入食盐和畜用生长素。将上述原料混合拌匀，用冷开水调湿（湿度以手捏能成团，松手即散开为宜）后投喂，现配现喂较好。

2. 营养棒的配方及制作方法

营养棒类似全价饲料，主要用于育种和催肥。制作技术目前还处在萌芽阶段，配方和生产工艺还有待于在实践中继续完善。常用配方为面粉（玉米粉）1 000 克，木薯粉 500 克，花生麸 200

克，全脂奶粉、豆粕、葡萄糖、畜用生长素各 50 克，畜用赖氨酸 3 克，味精 2 克，多维素 1 克。将以上原料混合拌匀，加冷开水调和搓成条状，置于阴凉处风干备用。给每只竹鼠每天喂 1 条 10 克的营养棒，与粗饲料一起投喂。

四、药物饲料

给竹鼠投药比较困难。竹鼠自然采食的野生粗饲料中有些本身就是中草药，具有防病和治病作用。以下饲料具有防病治病作用，可作为药物饲料。

1. 茅草根（白茅根）
具有清凉消暑的功效。可作为夏季高温期的保健饲料。

2. 白背桐（野桐）
具有止痛、止血的功效。给新引进的竹鼠喂其根、茎、叶，可治内伤、外伤。

3. 野花椒（山胡椒）
具有健胃、消食、理气、杀虫的功效。每天给竹鼠喂 1～2 次野花椒根茎，有助于杀灭竹鼠体内的寄生虫。

4. 金樱子
具有止痢、消肿的功效。竹鼠腹泻，可采金樱子根茎投喂。

5. 枸杞
具有清热凉血的功效。竹鼠发烧、眼屎多时，可采枸杞根茎投喂。

6. 鸭脚木
适用于感冒发烧、咽喉肿痛、跌打淤血肿痛。常给竹鼠喂鸭脚木根茎，可防治流感和医治内外创伤。

7. 小叶榕（榕树）
具有清热消炎的功效。采其根或茎喂竹鼠，可防治感冒和眼结膜炎。

8. 大青叶（路边青）

具有清热杀菌的功效。采其根或茎鲜喂竹鼠，可防治肠炎、菌痢。

9. 金银花（忍冬）

具有清热解毒的功效。夏季采其根茎喂竹鼠，可防治中暑、感冒和肠道感染。

10. 红花地桃花（痴头婆）

具有祛风利湿、清热解毒的功效。采鲜根茎投喂，可治疗竹鼠后肢麻痹；用其根煎水内服，可治疗竹鼠破伤风。

11. 番石榴叶及未成熟果实

具有收敛止泻的功效。采集叶及未成熟果实鲜喂，可治疗竹鼠腹泻。

12. 大叶紫珠

具有止血、止痛的功效。取其叶晒干研粉拌入饲料喂竹鼠，可治内出血和血尿。

13. 绿豆

绿豆煮熟投喂或煮成绿豆粥饲喂竹鼠，夏季可消暑。

五、高产饲料栽培技术

完全靠采集野生饲料和农作物秸秆最多能饲养100多对竹鼠。要大规模养殖，必须栽培竹子和高产牧草，才能保证一年四季都能供给新鲜饲料。山区农户饲养竹鼠，宜以扩种竹子为主，也可利用房前屋后的空地种植高产牧草。

（一）丛生竹栽培技术

丛生竹是地下茎粗短、无竹鞭、地上竹秆丛生的一类竹。饲喂竹鼠的丛生竹，最好是甜竹、吊丝球竹、大头典竹、撑篙竹等。

1. 竹苗快速繁殖

传统种竹多采用整株竹苗斜种法，一株子竹只能做一株苗，成活率低，造林速度慢。目前推广的埋秆断节繁殖法和竹尾分节育苗法，能加快竹子繁殖速度，大大节约种源，提高竹苗利用率10～15倍，并比传统种植提早1～2年成林。

（1）埋秆断节繁殖法：清明前后，把上一年新生的子竹整株从母竹中分离挖出，不要弄伤子竹头。先在竹头以上5～6个节处截去尾部，注意切口勿生裂痕，竹头蘸上泥浆，即可种植。植穴挖成烟斗形，穴口直径40～50厘米，穴深40厘米，穴的南侧挖一条浅斜沟，沟的大小、深浅按竹秆的直径及长度而定，植穴和斜沟内先垫入混有三成沙的杂土。种植时竹头放在穴内，竹秆在沟中，竹芽向两边，然后盖上沙土，竹头覆土5～6厘米厚，竹秆覆土3～4厘米厚，用脚踩实，淋水至湿透，遇旱时每5～6天淋水1次。当每个竹节长根发芽达5～6厘米时，即可断节移植。可用脚踩紧竹秆，挖去四周泥土，将靠竹头的3～4个节分别锯出，每节带芽作为一苗随即移植，这样原来一株苗就可分成4～5株苗。

（2）竹尾分节育苗法：将竹尾部用刀把每节分开，每节带一个芽眼，切口斜度为35°，节眼上方留长1/3，节眼下方留长2/3，然后放入1%石灰水中浸3～4小时以促进糖分转化，并有杀菌和促芽作用。苗床构成要求"三土七沙"，苗床包括沟宽100厘米，沟深15厘米。株行距10厘米×35厘米。插入时采用斜插法，斜度30°，将节眼下方插入土中，深度以芽眼入土0.5厘米为宜，芽眼朝上。插后淋水至湿透，并盖上一层薄稻草，最后盖上薄膜。当竹芽长至8～9厘米时即可移植。竹节育苗成活率达70%～80%，移苗后成活率可达98%以上。经过精细管理，1～2年后即可长成与成苗子竹一样的大小。

2. 造林

丛生竹喜温暖、湿润气候，要求土层深厚、疏松、肥沃湿润的中性或酸性土，尤其是在河流两岸的冲积土和村庄四周的肥土上生长最好。在丘陵缓坡地，只要土层深厚、疏松、肥沃，也可栽种。黏重积水地或土层浅薄的山坡中上部，不能栽种。石灰岩石山中下部，可种慈竹、甜竹等。造林地要全垦或带垦整地，按2米×3米或3米×3米的株行距定点挖坑，坑宽50厘米、深40厘米，长度按种植材料的长度要求定。丛生竹造林有移母竹、带蔸埋秆、竹苗造林三种方法。移母竹是目前山区农村多采用的传统造林方法，即整株竹秆斜种法。取母竹的方法与前面介绍的竹苗繁殖取子竹相同。种植时将竹秆斜立呈高射炮状，分层填土，压紧土壤，盖上一层杂草，保持土壤湿润。母竹梢端切口用稻草泥团扎封，以防竹秆干枯。此法的缺点是母竹在地面暴露过多，易被风刮或牲畜损坏，影响成活率，现在已不提倡。带蔸埋秆造林与前面介绍的埋秆繁殖法一样，只是竹节长芽后不再断节移植。竹苗造林要选择健壮的、直径0.5～1.5厘米的1年生苗，挖苗前截去大部分竹秆，只留茎部2～3个节，起苗时将整丛挖起，定植时将苗丛放正，分层填土踏实。竹苗造林成活率高，成本低，是当前推广的丛生竹造林新方法。

3. 抚育管理

新造竹林地，头两年可间种粮食作物，以耕代抚。不间种的造林地，每年须进行两次扩坑、除草、松土。丛生竹成林抚育以松土、施肥为主。通过松土使竹蔸周围的土壤疏松，使竹笋向两侧水平发展，防止竹蔸抬高。松土宜在出笋前1个月（即4月）进行，要求内浅外深。松土结合施肥，保证竹林的高产稳产，肥料以农家肥混合氮肥施放。

4. 合理采伐

丛生竹生长迅速，容易衰老，如采伐不当，竹林容易衰败。合理采伐有利于高产稳产。采伐季节以秋冬季为好，此时砍下的竹秆水分少，竹材坚韧，不易生虫，不影响幼竹生长。采伐时要掌握砍老留嫩、砍弱留壮、砍密留稀、砍内留外、砍口平地的原则。喂竹鼠一般取非用材竹，即细弱竹、病虫竹、断尾竹、风折竹和竹丛下部过密的枝条，头尾和分枝部分及老根蔸都可作为竹鼠饲料。

（二）王草栽培技术

王草是由紫狼尾草（象草）与美洲狼尾草（珍珠粟）属间远缘杂交而得的新品种，由哥伦比亚热带牧草研究中心育成。王草在热带和亚热带地区的许多国家已得到广泛种植和利用，可替代象草。我国海南省最早引种，广东省将它列入星火计划加以推广。广西于 1990 年引种，在柳州和南宁生长较好，正在大力推广。广西气候适宜种殖王草，是值得发展的优质牧草之一，它具有易栽培、抗逆性强、产量高、营养好、草质不易老化、适口性佳、饲用率高等特点，特别适合饲喂竹鼠，也可饲喂牛、羊、猪、兔、鹅、黑豚、火鸡等畜禽。

1. 王草的特征与适应范围

王草是禾本科狼尾草属多年生草本植物，株高 2～3.5 米，最高达 5 米以上。王草须根系发达，茎直立丛生，节间短；叶互生，叶多而大，植株高达 3 米时，叶片弯垂繁茂，叶梢甚少露出，叶面具有少量茸毛。王草一般采用无性繁殖，像种甘蔗那样。王草喜暖湿气候，适应性广，耐寒、耐旱，在广西可自然越冬，冬季虽然停止生长，但仍能保持青绿色，越冬性能优于象草。王草对土壤要求不严，沙土、壤土、微碱性土壤及贫瘠的酸性红壤黏土均可种植，尤以深厚肥沃的土壤最好。在房前屋后、鱼塘边、菜园边、休闲地等都能种植。王草分蘖和再生力强，生长迅速，每年可刈割 4～5 次，可连续利用数年。

2. 栽培与管理技术

（1）种植时间。四季可种，桂南地区以 2～3 月为佳，桂北地区在 0℃以上栽种为好。

（2）地表处理。选择土层深厚、疏松肥沃、排水良好的土壤，一犁一耙即可开行种植。

（3）种茎规格。将种茎砍成段，每段有2个芽即可。

（4）种植方法。行距80厘米，株距15～20厘米，深15～20厘米。种前在行沟里每667平方米（1亩）施1 000千克腐熟基肥或复合肥10千克，种后盖土10厘米厚，用脚轻踩，使种茎与土壤紧贴密实。

（5）田间管理。幼苗数长到5株以上、主芽长到30厘米时，每667平方米施尿素7.5千克或农家肥1 000千克，以促进茎苗生长。每次割完草后每667平方米施尿素7.5千克。

（6）收割。苗高1.5米时即可收割，每667平方米产量7.5～12.5吨。留茬高度5～10厘米，生长旺季20～30天可刈割1次。竹鼠喜食王草秆，随割随喂，鲜食为好。种王草养竹鼠，收割不受株高和时间的限制。到11月中旬，茎苗不能再割，应让其生长以贮备养分，增强抗寒能力，利于越冬。

第六章　竹鼠的选种与繁殖

目前，各地饲养的银星竹鼠个体大小与繁殖率高低的差异很大。成年竹鼠有的体重超过 2 千克，有的不到 1 千克；母鼠有的年产 3～4 胎，每胎 3～4 只，个别高产的达 6～7 只，而有的年产仅 1～2 胎，每胎 1～3 只。通常情况下种鼠个体越大，繁殖率越低。选择具有相当体重而年产胎数多、每胎产仔多的母鼠做种，是获得养殖高产的关键。

一、竹鼠的选种

鉴于目前竹鼠种苗比较缺乏，凡是健康无病、无伤残的公母鼠都能做种。优良种鼠的基本条件是：母鼠中等肥瘦，奶头显露，性情温顺，不挑食，采食能力强，成年个体重 1.2 千克以上；公鼠腰背平直，身体强健，不过肥，睾丸显露，耐粗饲，不打斗，成年个体重 1.3 千克以上。如果在繁殖场内选种，还要观察其繁殖能力，要选择早熟、高产、个体大的公母鼠的后代做种鼠。具体要求是：母鼠年产 4 胎以上，第三胎以后每胎产仔 4 只以上的种鼠其后代可做种。公母比例按 1 公 3 母为一组。因目前种鼠比较缺乏，自然搭配很难配组，可先按 1 公 1 母配对，待引种后通过繁殖，去劣留优，逐步实现 1 公 3 母配组，建立起高产的优良种群。杂交竹鼠生长发育良好的，多数可做种繁殖，但在留种后要观察其后代的表现，主要看其繁殖性能和体重。如后代繁殖率高（第三胎以后每胎产仔 4 只以上），生长发育良好（成熟时能超过父母平均体重），则可做种鼠。

二、竹鼠的自然繁殖

1. 发情配种

银星竹鼠常年都可以发情，但有一定的周期性和季节性。春、秋季为竹鼠配种旺季，夏、冬季如饲养管理好，竹鼠也能正常发情和配种。每个发情季节有 2～4 个发情周期，其间隔为 15～20 天，发情期为 2～3 天。发情的母鼠，前期阴毛逐渐分开，阴户肿胀，光滑圆润，呈粉红色；中期阴毛向两侧倒伏，阴门肿得更大，有的阴唇外翻、湿润（黏液多），呈粉红色或潮红色；后期外阴肿胀与前期相似，但有的母鼠阴户有小皱纹，微干燥，呈粉红色。发情母鼠活动频繁，常发出"咕、咕"叫声，排尿次数增多，与陌生的公鼠相遇无反抗表现，在池里兴奋周旋。当公鼠爬跨交配时，母鼠尾巴翘起，趴下不动，温顺接受交配，遇到不活跃的公鼠还会主动戏弄"调情"。发情母鼠在一天内与公鼠进行多次交配，可以提高繁殖率。

2. 分娩与哺乳

竹鼠怀孕期为 49～68 天。产前 7 天，乳头突出，食欲减少，常趴卧不动。产前 1～2 天躁动不安，有腹痛表现，食欲完全停止，发出"咕、咕"叫声，后腿弯蹲如排粪状，并叼草做窝。如公母是合在一起养的，母鼠会将公鼠赶出窝外，双方出现厮打现象。当母鼠乳头可挤出少量白色乳汁时，预示着在 1 天之内就要分娩，临产时阴户排出紫红色或粉红色的羊水和污血，胎儿头部先出，然后是身体。产仔完毕，母鼠咬断脐带，并吃掉胎盘，舔干仔鼠身上的羊水。每胎产仔数，初产至第三胎多为每胎 1～2 只，少数每胎 2～3 只；第四胎后进入正常产仔数，一般每胎 2～4 只，高产的可达 5～6 只，少数达 7 只。陈梦林在广西从事竹鼠养殖研究 17 年，从未见过母鼠 1 胎产 8 只的。产仔 2～5 只的，产程需 1.5～4 小时，最长产程可达 6 小时。

初生仔鼠全身无毛，两眼紧闭，体重仅 7～20 克，体长 6～8 厘米。3 日龄后全身长出黑毛，身体颜色由粉红变淡灰。7 日龄才睁开眼睛，15 日龄会采食。30～35 日龄可断奶，最多不要超过 40 日龄。断奶时仔鼠体重为 150～250 克，最重可达 300 克。一胎产仔越多，仔鼠断奶体重越轻；反之产仔越少，仔鼠断奶体重越重。自然繁殖的银星竹鼠早的在 6～7 月龄、迟的在 9～10 月龄达到性成熟，可以进行配种繁殖。

三、竹鼠人工繁殖技术

1. 竹鼠的配对配组

购买时如母鼠不足，可安排公母配对。自繁自养竹鼠，母鼠多了可以配组。配对，可由不同窝的公母鼠配合；配组，可由 1 公 2 母或 1 公 3 母配成一组，也可多达 1 公 4 母或 5 母。母鼠可以是同一窝产的，也可以是不同窝产的；公鼠则必须是不同窝产的。在选配时，除按上述良种条件要求外，还要注意公母鼠之间的亲和力。公母合养 7 天后仍出现打斗或多次发情配不上种的情况，则说明该组合的公母亲和力差，不宜配对配组。还有一种情况是，虽然能配上种，但连续几胎都是产仔 1～2 只，这也说明配对配组不理想，必须拆散重新配。配对配组在购买种鼠时很难进行，待引种回场后就要加强观察，第一步是先配好对，第二步再配好组，这样才能获得较好的繁殖效果。竹鼠的记忆力极强，基本上是一夫一妻制，一旦配成对繁殖后，便很难拆散重新配组。所以不论配对还是配组，必须从小合群时就作出妥善安排。

常见的竹鼠配组方法有 1 公 1 母配对、1 公 2 母配组、1 公 3 母以上配组、大池公母群配或轮配。1 公 1 母配对，便于做详细的繁殖记录，有利于保持纯种，选育良种多采用这种方法。1 公 2 母或 1 公 3 母以上配组，能提高种公鼠的利用率，可用于繁殖商品种鼠或商品肉鼠。少量自繁自养的，要定期与其他专业户交换种公母鼠，以避免近亲繁殖。大池公母群配或轮配，因配种无法做详细个体记录，其后代只能作为商品肉鼠。单独关养的 1 公 1 母形成固定配对以后，如果其中一只死亡，另一只需重新配对时，必须先将丧偶种鼠于黄昏时放到大池里与许多种鼠合群饲养，观察 15～30 分钟，发现打斗即予隔开，停一段时间再将丧偶种鼠放进去，如此往往需反复 2～3 次，才会停止打斗。待合群生活 5～7 天习惯群养后，从中随意挑选出 1 公 1 母配成对，双双放到小池里单独圈养。

2. 防止竹鼠近亲繁殖的方法

凡 3 代以内有直系亲缘关系的公母鼠都不宜配对繁殖。因此，同窝的公母鼠不能直接配对，必须与另一窝交叉配对才能避免近亲繁殖。在较大的饲养场，不同窝的仔鼠断奶单独养 1 个月后，就放到大池进行合群饲养，合群后交叉配组才可出售。自繁自养户若饲养数量较少（仅 10～20 对），则繁殖后代需要与其他养殖户交换公鼠或母鼠，才能防止近亲繁殖。

3. 公母鼠正确配种

成年公母鼠白天大多躲在洞中，晚上才出来活动，其发情特征很难观察到。因此，交配时机的掌握只能从饲养日龄和产仔后的时间来推算。

从未产仔的母鼠，公母从小混合群养的，可让它们自由选择交配，发现其怀孕后再将怀孕母鼠隔开单独饲养。已产过仔的母鼠 30～35 天断奶后，即转移到大池与其他公母鼠合群饲养，或分隔出来与原配公鼠单独饲养。营养条件好的，断奶时间也正好是母鼠发情时间，公母合群 2～3 天后就能配上种。如果发现将要断奶的母鼠咬仔，而饲料又不缺乏，则表明母鼠提前发情，须及时将母鼠隔离，并及时与公鼠配种。

过去陈梦林曾介绍血配法，说是可以缩短繁殖周期、提高母鼠产仔能力的有效方法，其实这是竹鼠驯养初期移植其他鼠类和小草食动物的繁殖经验。经过多年试验，从来没有获得血配成功的记录。所以，竹鼠繁殖不宜再进行血配。

4. 母鼠怀孕鉴别

竹鼠喜欢躲在洞穴生活，母鼠是否怀孕较难观察。根据经验，判断竹鼠怀孕的方法有以下三种。

①公母鼠合笼交配后5~7天进行检查，如母鼠乳头周围的毛外翻，乳头显露，说明其已经怀孕。

②按公母鼠合群饲养的时间来推算，如果公母合笼1个月后，母鼠采食量比平时增加，腹部两侧增大一手指宽，而且吃饱就睡，便可判断母鼠已经怀孕。

③配种1个月后，将母鼠倒提起来，如其两后腿内侧的腹股沟胀满则为怀孕。如果将刚吃饱的母鼠倒提起来，只见其腹胀，而后腿内侧的腹股沟不胀满，则表明其并没有怀孕。

5. 提高繁殖率与成活率的关键措施

（1）提高竹鼠繁殖率的措施：

①选择产仔多的母鼠的后代做种。

②调整营养，使公母鼠保持中等体形，不过肥也不偏瘦。

③实行重配和复配。在母鼠的一个发情期内，在原配组群养池中采用同一只公鼠对发情母鼠在相隔12小时内进行两次交配，称为重配；在同一个发情期内，在原配组群养池中采用发情母鼠在相隔12小时内与两只公鼠进行交配，这种方法称为复配。重配可提高受胎率，复配可提高产仔数。只有实行重配和复配，1胎产仔数才可能达到5~6只。

（2）提高仔鼠成活率的措施：

①母鼠必须具有优良品质，即驯食容易、不挑食、食欲旺盛、会衔草做窝、护仔性较强、乳头多而大、会把粪便及食物残渣推出窝外等。

②营造良好的产仔环境。通常是秋、冬季产仔成活率较高，但春、夏季如能提供良好的生活环境，也能获得高产，甚至在酷暑天气（气温34~36℃）给竹鼠补喂中草药等清凉消暑饲料，即

使母鼠一胎产 4~5 仔，亦能全部成活。

③在怀孕后期和产仔哺乳期提供丰富的营养。

④适时补料和断奶。产仔后要根据母鼠的食欲掌握投料量，适当增加精饲料。产仔 15 天后，仔鼠已学会采食，要加大鲜嫩、多汁饲料和精饲料的投喂量。仔鼠宜在 30~35 日龄断奶。

6. 母鼠产仔前后的护理

多数怀孕母鼠在产前 7 天就少吃多睡，产前 1~2 天会自动衔草垫窝，产前 1 天停吃、鸣叫不安，公母合笼饲养的，母鼠会将公鼠赶出窝室。母鼠产前阴户肿胀、潮红、乳头比平时增大 1 倍，能挤出少量乳汁时，预示半天之内就要产仔。根据上述特征，要及时做好以下安全产仔的准备工作。

（1）公母鼠合笼的，发现公母打斗要立即分开，并更换清洁干净的窝草。如果是小池饲养，产室上面要临时加盖，让母鼠在安静黑暗的环境中产仔。

（2）要给母鼠添喂多汁饲料，防止产后口渴而咬仔。在产前 10 天及整个哺乳期都要给母鼠补喂多汁饲料，使母鼠有丰富的奶水。

（3）竹鼠产后切勿往产室内投饲料，以免惊动仔鼠和母鼠，也不要随便揭开笼盖观看仔鼠，要尽量保持安静，否则母鼠受到惊扰会咬吃仔鼠。

（4）在哺乳期内不必给产室打扫卫生，母鼠会自动把室内的粪便和食物残渣推出室外，直到幼鼠 30~35 日龄断奶后，才进行 1 次清洁大扫除。

（5）产仔 15 天后，要给母鼠补喂营养丰富的精饲料和鲜嫩竹枝。一胎产仔多的，夏季应防暑降温，冬季则在投料处添放切短的干草，让母鼠衔草进窝内保暖。

（6）断奶时须将母鼠移开，让仔鼠留在原窝生活 10~15 天。30 日龄断奶时，若仔鼠个体小、体质差，每天应给仔鼠补喂牛奶 1~2 次，每次 0.5~1 毫升。

7. 仔鼠人工哺乳

母鼠产仔后如意外死亡，或母鼠一胎产仔过多（5 只以上）而母鼠奶水少，导致仔鼠生长迟缓，都需要进行人工哺乳，才能保证仔鼠健康成长。人工哺乳的方法是：用牛奶或奶粉兑米汤加白糖，装进奶瓶，将小胶管一端插入奶瓶中，另一端放到仔鼠嘴里，仔鼠就会吸吮，每天喂 5 次，每次每只喂牛奶 1～1.5 毫升。20 日龄后，仔鼠能逐渐采食配合饲料和鲜嫩粗饲料时，可以减少喂奶次数，30～35 日龄可断奶。少量人工哺乳时，可用去掉针头的注射器吸取奶汁缓慢注入仔鼠口中。

8. 防止母鼠咬仔、吃仔、弃仔

母鼠咬仔、吃仔、弃仔，大多发生在产后 48 小时，原因多样，可根据具体情况采取相应措施。

（1）母鼠乳头小，奶水不足，仔鼠在母鼠腹下乱吸乱拱，吵闹不停，母鼠烦躁不安会吼叫一声，便咬吃仔鼠。防止方法：在引种时选择乳房大且均匀的母鼠做种。

（2）气温过高或过低。防止方法：选择阴凉干燥处建造笼舍，以地下室、岩洞最佳。产室温度保持 8～28℃。

（3）产后受惊。防止方法：产仔时尽量保持环境安静，管理人员不能在旁边观看，更不能用手去摸或用木棍扒弄仔鼠。

（4）母鼠受伤，疼痛不安也会咬仔、吃仔。防止方法：将怀孕母鼠隔离单养，避免打架，发现受伤及时治疗。

（5）产仔笼通风不良。防止方法：经常检查，及时将推到洞口的母鼠粪便和垫草清除，保持产室良好的通风透气。

（6）临产期投料不足，特别是多汁饲料缺乏，如母鼠分娩时体力消耗大、流血失水多、口渴至极就会吃仔。防止方法：投喂足够的食物，特别是保证有相当数量的多汁饲料，保证营养及水分充足。

（7）母鼠缺乏矿物质元素，会吃仔以补充。防止方法：将骨粉、微量元素添加剂及多种维生素拌在精饲料中投喂。

（8）母鼠哺乳期间，人为干扰会引起母鼠吃仔。防止方法：哺乳鼠池用竹垫或木板盖住不让外人观看，晚上投料尽量不惊扰母鼠。

（9）母鼠产仔多，乳头少。处理方法：利用将母鼠捉出放到公鼠池配种的机会，将多余仔鼠隔开。拿仔鼠时，要戴医用乳胶手套，防止仔鼠黏上人汗气味。每只母鼠最多哺乳 6 只仔鼠，多余的应拿到其他窝室进行代哺乳，但并窝饲养的两窝仔龄相差应在 5 天以内。如无法并窝，要给拿出来的幼鼠进行人工哺乳。

第七章 竹鼠饲养管理技术

要做好竹鼠的饲养管理，一要熟知竹鼠的生活习性和生长发育特点，二要有相应的管理制度，三要采用科学的管理方法。

一、竹鼠的生长发育特点

1. 哺乳仔鼠（出生至 35 日龄断奶）生长发育特点

竹鼠是晚成动物，即胎儿尚未发育成熟就产下来了。刚产下的仔鼠非常幼嫩，3 日龄才长毛，身体颜色由粉红色变为淡灰色，7 日龄后才开眼睛，15 日龄才学吃食，这时要开始给竹鼠补喂鲜嫩易消化的竹枝、草茎、米饭和乳猪配合饲料。30～35 日龄，应断奶并将母鼠隔开饲养。断奶时仔鼠一般体重为 0.15～0.25 千克，最大的可达 0.3 千克。一胎产仔数量少的，断奶体重大；产仔多的，断奶体重小，一胎产仔 5 只以上的，断奶时仔鼠体重很少超过 0.25 千克。但个别会护仔勤喂奶的母鼠，虽产仔多，断奶时仔鼠却体重均匀而个大，这种优良高产母鼠比较少见。

2. 幼鼠（断奶至 3 月龄）生长发育特点

幼鼠生长前期缓慢，后期加快。断奶后仔鼠对饲料有适应期，加上采食的饲料再好也比不上母乳的营养，所以断奶后 1 个月的幼鼠生长速度大都明显减慢。断奶后饲养 1 个月，大群饲养如按科学方法补料，适当调整精粗饲料比例，加大蛋白质、多种维生素和矿物微量元素的喂量，使幼鼠获得比哺乳期更丰富的营养品，幼鼠就会改变前期生长缓慢的现象，到 3 月龄多数体重可超过 0.5 千克，这时幼鼠胃的消化功能已经完善，采食范围广，吃食品种多，生长速度逐渐加快。此阶段是驯食、合群的最好时机。

3. 青年鼠（3 月龄至性成熟）生长发育特点

良种竹鼠饲养到 3 个半月，体重约 0.8 千克，从这时起到性成熟称为青年鼠。青年鼠活动能力强，采食旺盛，生长速度最快，如饲养得好，1 个月体重可增加 0.5 千克。作为留种用的个体，此阶段要做好配对配组工作，剔出不宜做种的个体转入商品肉鼠池饲养。从青年鼠养到商品肉鼠上市，所需时间与喂料好坏有很大的关系。单纯饲喂竹木类，不喂精饲料的，可能需 8～9 个月或更长时间；实行精粗饲料合理搭配饲喂的，早熟高产的良种鼠在 4 月龄体重达到 1.5～2 千克即可出售。最好在体重 1 千克时，人工催肥 20～30 天，体重达 1.7～2 千克时出售，此时肉质最佳。

4. 成年鼠（性成熟以后）生长发育特点

青年鼠养到出现发情，公母开始交配，标志着性成熟。性成熟的早晚与竹鼠品种、季节和饲料有关。早熟品种在 4～4.5 月龄就会发情，晚熟品种需 8～9 月龄才发情，一般在 6～7 月龄发情；发情也与季节密切相关，春、秋季是发情旺季，正常饲养的竹鼠会提早 1～2 个月性成熟，冬、夏季由于过冷或过热，竹鼠会推迟 1～2 个月发情；如长期不喂精饲料，饲料中缺乏蛋白质、维生素和矿物质元素，青年鼠会推迟发情，成年鼠则不发情。可见，同样是一对良种竹鼠的后代，有的 5～6 月龄就发情，有的 9～10 月龄才发情甚至不发情，原因就在于此。性成熟后竹鼠继续增重，直到身体定型不再长，称为体成熟。一般畜禽在体成熟前是不宜配种繁殖的，竹鼠却例外。竹鼠在性成熟后即可开始配种繁殖，产至第三胎，才达到体成熟。体成熟前每胎产仔数偏少，其原因有两种：一是子宫发育尚未完善，属于早配早产，所以产仔数不会太多；二是这段时间母鼠怀孕摄取的营养有一部分还要供给自身的生长发育，使供胎儿的营养受到限制，只好以减少产仔数来维持母体营养平衡。

遗传、饲料、疾病是影响竹鼠生长速度的三大因素。父母个体大，生下的仔鼠个体也大，后天生命力强，生长速度比较快。

俗话说："初生重一钱，断奶增一两，出笼增半斤。"如饲料单一，缺乏蛋白质、维生素和矿物质元素，竹鼠生长会显著减慢。断奶后竹鼠如患胃肠炎、下痢、外伤、脓肿、骨折等，即使用药医好，也会变成"僵鼠"，生长速度会比健康幼鼠降低一半。

二、竹鼠日常饲养管理要点

1. 正确捉拿，防止竹鼠咬伤人

捉拿竹鼠时不能抓其头、身和脚。正确的捉拿方法是用手指抓竹鼠颈背皮肤或抓住尾巴提起来。如果要给竹鼠喂药或打针，最好采用特制的竹鼠保定铁夹（可用厨房火钳改制）夹住竹鼠颈部。

为防止竹鼠咬伤人，一是要注意捉拿技巧；二是不要用手摸竹鼠的头吻部；三是捉拿时要悄悄接近竹鼠，避免惊扰；四是要轻拿轻放。

2. 采购和长途运输竹鼠种苗的注意事项

（1）选择竹鼠种苗的注意事项：

①身体干瘦、毛色无光泽、有眼屎、眼球凸出或下凹的个体不能购进。

②身体过于肥大，已繁殖的老竹鼠不能购进。

③腹部过于鼓胀且手触摸有波动感，疑是被大量灌水的个体不能购进。

④选择健康无病、无伤、体重300～400克的幼鼠。这种竹鼠不打架，易运输，宜驯养，容易适应环境，成活率高。

（2）采购竹鼠种苗的注意事项：

①向卖主了解种苗来源及其食性，如竹鼠从哪里捕获、曾喂过什么饲料等。

②换笼检查，看竹鼠行走是否正常。

③向当地兽医站了解近期是否发生过人畜共患的传染病，并

请兽医检疫。

④发生传染病的地区，即使是健康的竹鼠，也不能购买。

（3）长途运输竹鼠的注意事项：

①凭"两证"办理运输手续。竹鼠是野生保护动物，运输前要到当地林业部门办好准运证，到兽医站办好检疫证。

②运输笼要牢固，一般采用铁笼，不能用纸箱或木箱装运。

③为防止竹鼠打架，必须合群饲养一段时间，才合笼运输。两窝竹鼠要集中放在同一池内饲养5～8天，确认它们已能合群，方可装笼运输。凡不具备合群饲养条件的只能一窝一笼装运。

④竹鼠运输过程中既要避免风吹雨淋，又要避免包装过于严实而造成竹鼠缺氧死亡。运输途中特别强调通风透气，如放在小车后仓室装运的，行车1～2小时后要打开仓盖换气并检查；如放在客车座椅下，要注意防止铁笼的气孔被堵塞。

⑤白天运输应避开高温天气，夏季只能选择在雨天或晚上凉爽时运输。

⑥装笼时铁笼内要铺放垫草，防止铁笼钩伤竹鼠脚趾。从笼内取出竹鼠时，如果竹鼠的脚趾抓住铁笼不放，切勿用力拉扯，应向竹鼠身上吹气使竹鼠自行跑出。

⑦在运输笼内应放些甘蔗头、凉薯、西瓜皮、短竹秆或玉米棒等，供竹鼠途中采食。

3. 合群

野生竹鼠在自然环境中密度较小，出没于人迹稀少的荒岭，从而形成了孤独、胆小的习性，一旦遇到陌生的同类，就会进行防卫式攻击。人工饲养后密度加大了，合群时首先须防止竹鼠互相厮杀，尤其是陌生的野生青年鼠、成年鼠与家养的成年鼠。要使竹鼠正确合群，需掌握以下技术。

（1）建造可以合群驯养的大、小型水泥池。大池每个面积在2平方米以上，里面设置空心水泥砖，造成人工洞穴，为竹鼠提供藏身之处，以免打斗。

（2）新进竹鼠要隔离观察。新买进的竹鼠要先隔离观察 7～10 天，确认无伤无病后才能合群。合群前将两个鼠笼贴放在一起 30～60 分钟，让竹鼠相互适应对方的气味。

（3）放竹鼠入池时动作要轻，不能惊动其他竹鼠。

（4）夜间合群。应选择在夜间合群，先在池内分散投放饲料，让竹鼠进入池内就忙于采食，分散其注意力。

（5）让竹鼠入池后有回到大自然的感觉。在池内放入大量带叶的青绿竹枝树叶，让竹鼠入池后有回到大自然的感觉，消除恐惧，从而减少厮打。

（6）陌生竹鼠合群观察。放入陌生竹鼠时先观察 15～30 分钟，如果打斗不休应立即分开，转入暗室（小池）里饲养一段时间，待适应环境，被人捉拿不惊慌时才合群饲养。

（7）断奶母鼠重新合养。断奶母鼠重新与公鼠合养，如果是公鼠与母鼠用头互相顶推，这是亲近的表示，并非打架，互相顶推一段时间就会很好相处；如果一只竹鼠用头顶住另一只身体的其他部位，并张口咬住不放，这才是打斗，要迅速将它们分开并用铁笼装好单养，将两笼并排在一起，让它们相互看得见，但又咬不着，相互适应气味 1～2 天再行合养。采用这种方法，断奶母鼠与公鼠重新合养一般就不会被咬伤。

4. 驯食

竹鼠有一种奇特习性：一旦形成固定的食物结构，就很难改变。所以饲养竹鼠必须从小驯食，训练竹鼠采食多样化，直至对配合饲料、大米饭、玉米、黄豆、花生、红薯、马铃薯、胡萝卜、凉薯、西瓜皮、甜瓜皮、玉米秆、甘蔗头、荸荠及某些中草药饲料等都能采食。要使母鼠在怀孕和产仔期间能接受补料、补水，从而获得充足的营养和水分，保证胎儿发育健全和产后不缺奶水。

5. 供水

野生竹鼠没有饮水的习惯，体内水分的补充全靠从食物中摄取。因此，在饲料中要注意搭配甘蔗、红薯、荸荠、鲜玉米芯、象草秆、芒草秆、竹笋等多汁饲料和含水量较多的青料。冬季青料少，以玉米、麦麸为主食时，投喂的精饲料要用淡盐水调和，放水量以精饲料握在手中能成团、松手即散开为宜，使竹鼠能从食物中获得足够的水分。夏季气温高，为减少青料的水分挥发，宜将采回的青料如玉米秆、象草秆、竹枝叶等堆放在墙角，用湿沙埋好。气温超过30℃时，每天给每只竹鼠喂20克西瓜皮；气温超过34℃时，每天给每只竹鼠喂40～60克西瓜皮或稀饭，但稀饭的水分不宜过多。夏天喂精饲料全部用水拌湿。据资料报道以及作者进行对比试验结果表明，给竹鼠大量喂水，极易导致其死亡；少量喂稀饭、米汤的，却生长良好。这是驯养野生竹鼠少量饲养的做法。产业化大生产，用多汁饲料和含水量较多的青料给竹鼠补水，操作十分麻烦，煮稀饭、用米汤给竹鼠补水更是行不通。训练竹鼠直接喝水是竹鼠产业化大生产的关键技术之一。方法是以奶为诱食剂，用碗装牛奶或者奶粉兑水先喂哺乳母鼠，让母鼠带仔一起喝奶，然后奶由浓到稀，慢慢过渡到喂清水。用同样的方法，在公母群养的大池里，让母鼠带公鼠学会喝水。

6. 幼鼠的公母鉴别和品质鉴别

（1）幼鼠公母鉴别方法：主要看两处，一看乳头，后腹两边如有两排乳头的是母鼠，没有成排乳头的是公鼠；二看阴户与肛门的距离，近者是母鼠，远者是公鼠。

（2）幼鼠品质鉴别方法：体重500～750克的幼鼠，毛为灰黑色，粗毛下面的绒毛细密，背腹相对较宽而平，身体肉多，腹部皮肤嫩红，是发育良好的特征，可做种用；如毛色粗黄，粗毛下面的绒毛稀少，背腹细长，身体肉少，腹部皮肤苍白，则是"僵鼠"，不能做种用。

7. 竹鼠放养密度

根据竹鼠在野外生活的习性，竹鼠放养宜稀不宜密，但要考虑充分利用场地。适宜密度是在一个80厘米×70厘米的水泥池内放养1公2母或1公3母的成年竹鼠，或饲养幼竹鼠6～8只。

大水泥池每平方米放养 10 只，每群不宜超过 20 只。密度过大，竹鼠会因抢食而互相咬伤，或在晚上堆叠睡觉，导致小鼠和弱鼠被压死。另外，放养密度与气温高低有很大关系，室温超过 30℃，每平方米面积放养数量以成年鼠 6 只以下、幼鼠 10 只以下为宜。

8. 饲料要求

（1）清洁卫生。发霉变质的饲料不能喂。

（2）保证竹鼠不缺水。干、湿饲料搭配好，保证竹鼠不缺水。冬、春季以甘蔗为主食时，竹鼠尿多，窝室潮湿，竹鼠易生病。因此，饲喂甘蔗等含水量多的饲料，要搭配干玉米芯、老竹枝叶、干玉米粒、配合饲料干品等含水量少的食物。干、湿饲料搭配比例以各占 50％为宜，或以观察鼠笼、鼠池内不潮湿为宜。

（3）饲料多样化。力求竹鼠获得全面营养。

（4）新鲜竹枝叶、王草不能缺。竹鼠虽然能吃各种干料，但新鲜竹枝叶、王草不能缺乏，如长期缺新鲜草秆，就要添加水杯，补给水分，否则会导致竹鼠消化不良、厌食，长期缺水甚至会干瘦死亡。

（5）看鼠投料。幼鼠应供给营养好、易消化、维生素含量高的鲜嫩饲料，以促进其生长发育；青年鼠消化能力强，采食旺盛，要求提供充足的精饲料和粗饲料；怀孕及哺乳母鼠要补喂精饲料和多汁饲料。

（6）喂干粒饲料的注意事项。夏秋季高温干燥，饲喂粉状或颗粒乳猪料时要用淡盐水或冷开水调湿。喂玉米、黄豆等干粒饲料时要注意以下事项。

①详细检查饲料，发现有霉味要做去霉处理，即用 EM 原液兑水 3 倍浸泡 10 分钟，捞出漂洗晾干才能饲喂。

②隔年的玉米、黄豆虽闻不出霉味，但其胚芽已轻微发霉，同样要用 EM 原液兑水 3 倍浸泡，用清水漂洗去霉后才能饲喂。

③新鲜的干玉米、黄豆粒要用清水泡软才喂，以防饲料过干造成竹鼠缺水。

④饲料现泡现喂，当天喂完。

（7）给竹鼠补充矿物质。农村养竹鼠不喂配合饲料，需要给竹鼠补充矿物质，定期（每周2～3次）给竹鼠喂猪、牛或鱼的骨粉。方法是先将猪骨、牛骨炖1～2小时（或用高压锅煮15～20分钟），然后晾干研粉拌料投喂，每只每次喂3～5克。

（8）贮藏竹鼠饲料要注意，一是各种饲料含水量不一样，应分开存放，喂前才混合；二是竹鼠饲料不能与农药、化肥混放在一起，以免被农药、化肥污染而引起中毒；三是2～3天才能喂完的含水较多的青饲料要摊开，以防发霉变质。如存放时间较长又要保持新鲜的植物茎秆，可用湿沙埋住根部，隔2～3天浇1次水。

9. 计划用料

一只成年竹鼠1天耗精饲料40克、粗饲料250克，1年耗精饲料14.6千克、粗饲料91.25千克。一只商品竹鼠到4月龄上市，自15日龄学采食起，4个月采食饲料只有105天，共需精饲料4.2千克、粗饲料20.6千克；如到2月龄即作为种鼠出售，约用精饲料0.9千克、粗饲料5.6千克。（粗饲料用量计算方法：成年竹鼠1天耗粗饲料250克，2月龄前耗粗饲料减半，15日龄前耗粗饲料为零）

10. 暑天降温

酷暑期为竹鼠降温是一项综合性措施，包括如下内容。

（1）遮阳。应采取多种措施遮阳，防止阳光直射竹鼠窝室。

（2）通风。在遮阳的同时，应考虑通风透气。竹鼠怕风，室内电风扇应向墙壁吹风，促使室内空气流动降温；风扇不能直接吹向竹鼠。

（3）补喂多汁饲料。保证竹鼠获得足够的水分。

（4）降低饲养密度。高温期饲养密度应降到冬季的1/3～1/2。

（5）大池内应放置若干空心水泥砖。供竹鼠进洞躲藏，防止晚上睡觉挤压成堆，造成闷热致死。

（6）湿沙消暑。室温超过34℃时，池内应堆放湿沙，每天向沙堆浇透凉水2～3次，让竹鼠睡在湿沙上消暑。

（7）青叶垫窝。利用新鲜青嫩的竹叶、青草、树叶垫窝，以保持清凉。

（8）喂清凉消暑的药物饲料。补喂清凉消暑的药物饲料，如西瓜皮、凉薯、绿豆、茅草根、嫩竹叶等。

（9）安装空调。有条件的可在竹鼠产仔房安装空调。

11. 群养管理

大群饲养竹鼠，应根据养殖场的位置与饲养方法制定管理措施，具体方法如下。

（1）保持食物和场地清洁卫生。不喂已被农药污染的秸秆；雨天采回来的饲料和早晨割回带露水的草茎、秸秆，都要晾干才喂；要勤换窝室垫草，保持清洁干净。

（2）母鼠怀孕后单独喂养，并补料。

（3）降温防暑。在房顶建池饲养的，夏天要搭棚遮阳，棚顶上搭架种瓜或葡萄，气温30℃以上又特别闷热时，可用排风扇抽出室内湿热气体或向池内淋水降温。

（4）用小水泥池饲养的种鼠，其运动量不足，每周应放到大水泥池内活动半天。

（5）用小水泥池饲养母鼠的，产仔间池顶要加盖，投料间池面要盖铁丝网，防止家鼠入池争饲料或咬吃仔鼠。

（6）秋、冬季要防止冷风直接吹进窝室，气温急剧下降时，要给竹鼠窝室加铺垫草保温。

（7）经常检查，及时医治竹鼠外伤。

（8）饲养人员要相对固定。

（9）产仔母鼠和哺乳母鼠的窝室谢绝参观。

（10）每天做好生产记录，每月进行1次投入产出比的核算。

12. 做好生产记录

饲养竹鼠的生产记录是进行生产成本核算、选种选配、改进饲料配方、完善科学饲养管理的重要依据。

（1）记录内容：

①每天投料的时间、品种、数量。

②配种时间、胎次、产仔数。

③产仔成活数、仔鼠断奶时间、单个体重、公母比例。

④催肥肉鼠测重。

⑤发病诊治、用药记录。

⑥竹鼠购进、自繁、死亡、出卖等数量的记录。

⑦销售收入记录。

（2）记录方式：

①小池单养种鼠池，一池一母一卡片，做好繁殖父母本及后代的详细记录。

②商品肉鼠专用的繁殖池，应在大池或小连通池饲养，一池一组（一群）一卡片，只记录整群母鼠窝数、产仔数及成活数，以了解整体生产水平，不需要对母鼠逐一繁殖情况做详细记录。

13. 饲养员全天工作安排

饲养 300 对以上的竹鼠饲养场，饲养员每天的工作时间通常是这样安排的：

①早上 7:30，先用 0.5～1 小时清扫栏舍，观察竹鼠动态。发现行动异常或蜷缩在一处昏睡不醒的竹鼠，要轻拿到亮处仔细检查，发现其有病或伤，即隔离治疗。

②调配精饲料投喂。在上午 9：30 喂完，每天喂 1 次，哺乳期母鼠晚上加喂 1 次。

③9:30～10:00，为病鼠打针、投药，并将怀孕后期的母鼠移至繁殖池单个饲养。

④10:00～11:30，采摘粗饲料。

⑤14:30 巡视鼠池半小时，发现异常竹鼠应立即拿到亮处仔细检查。

⑥15:00～16:00，将上午采回的粗饲料摊开晾干水分，清洗掉泥沙、污物，除去发霉变质部分。夏天采回的青鲜秸秆，清洗

干净后，用湿沙埋根保鲜。

⑦17:00，切短粗饲料并将发霉变质的剔除后，投放到鼠池中，供竹鼠晚间采吃，每天傍晚投料 1 次。同时认真观察竹鼠健康情况，做好当日生产记录。

⑧产仔旺季有较多的母鼠产仔，20:00～21:00 时夜巡补料 1 次。

三、竹鼠饲养管理月历的编制

1. 1月

饲养管理的主要目标是保温，提高繁殖率与仔鼠成活率。

（1）鼠舍门窗用塑膜挡风。大、中、小池均覆盖塑膜保温。寒潮来时，室内适当升火加温，同时将竹鼠全部移进小池或大、中池的保温槽，加厚垫草，加盖双层塑膜保温。

（2）特别注意护理好哺乳期母鼠和仔鼠，晚上一定要补喂营养餐。

（3）有时 1 月也有"回南天"，室内十分闷热潮湿，空气湿度大，要揭开塑膜，让窝池内水气散发。

（4）保证有足够的新鲜青料，南方此时是收获甘蔗的季节，应避免全部喂甘蔗而造成饲料过于单一。

（5）若遇上细雨绵绵天气，青粗料水分无法晾干，要用 0.1% 高锰酸钾溶液、石灰水或 EM 菌水漂洗后再饲喂。

（6）若遇上北风干冷时间较长，空气干燥，要用温热盐水拌精料饲喂，适当增加多汁饲料，防止竹鼠缺水。

（7）每天晚上检查 1 次，发现成堆睡觉要适当疏散，防止弱小鼠睡在下面被压死。

2. 2月

饲养管理的主要目标仍是保温，同时防止青粗料中断，做好竹鼠同期发情的工作，提高受胎率。

（1）本月是春节放假期，饲养管理容易松懈，要认真落实值班饲养人员。

（2）认真做好青粗料的供应计划，节日前要采回来保鲜。搭配喂粗干料的要注意浸水软化。

（3）保温做法同1月。

（4）断奶仔鼠集中到中池护养，同时给未配上种的母鼠投喂同期发情药物。

（5）注意防止饲料发霉中毒。

3. 3月

饲养管理的主要目标是防止感冒腹泻，做好二次选种。

（1）本月气温回升，春耕大忙，饲养管理容易被忽略，在农村常常是投料后就不管了。作为家庭竹鼠场，要有人专管，做到春耕生产和饲养竹鼠两不误。

（2）本月中午和晚上气温变化大，冷热交替，易发生感冒和腹泻，要做好防病工作。

（3）青料和多汁饲料比较缺乏，应注意补充多种维生素和水分。

（4）上一年秋冬产的仔鼠多数体重已有750～1 000克，是最好的二次选种时期，应按二次选种程序，将高产母鼠的后代选留下来进行配对。

（5）饲养数量少的在配对前应与其他养殖户进行公母鼠交换，防止近亲繁殖。

（6）制定好当年的养殖计划，做好老种淘汰和新种补充的工作。

4. 4月

本月春暖花开，是配种繁殖旺季，提高受胎率是本月饲养管理的主要目标。

（1）详细检查怀孕情况，将未怀孕的成年母鼠全部隔离出来，进行第二次同期发情，争取在本月末全部配上种。

（2）围绕提高受胎率来做好饲养管理。

（3）调整产业结构，按计划种植青粗饲料。

（4）气温升高，覆盖门窗和池面的塑膜可全部拆除。对竹鼠窝室和池内的垫草、积粪进行 1 次大扫除，换上清洁垫草。

（5）注意预防饲料发霉中毒。

5. 5 月

本月是自然发情配种旺季末月，又是竹鼠疾病较多的一个月，所以饲养管理的主要目标是提高受胎率和防病。

（1）精心配料，增加营养，促进自然发情。

（2）对已达到高产种群选育标准的公母鼠，抓紧做好提前断奶，强化催情，争取早配。

（3）加强清洁卫生，饲料消毒去霉，减少疾病发生。

（4）投喂药物饲料，做好防病工作。

（5）每星期喂 2～3 次 EM 菌预防肠道疾病。

6. 6 月

本月天气已炎热，饲养管理的主要目标是改善竹鼠生活环境，注意饲料、饮水卫生。

（1）保持竹鼠窝池阴凉、干爽，防止阳光直射，窝池地面干燥，窝草新鲜无霉烂。

（2）青粗料新鲜。在大中池内可置放大量青绿竹木，让竹鼠有回归自然感觉。

（3）认真检查饲料、饮水是否清洁卫生，适当采用消毒预防药品。

（4）不宜远距离大批调运种苗。

（5）多喂青嫩鲜料，节约精料，降低饲养成本。

7. 7 月

本月已进入暑天，饲养管理主要目标是降温消暑。

（1）认真贯彻执行竹鼠夏季降温消暑措施（详见第 62 页）。

（2）认真预防竹鼠中暑，补喂降温消暑饲料。

（3）单独饲养的公鼠不宜再放入与母鼠配种。

（4）小池饲养的移至大池，降温条件不好的竹鼠场停止配种繁殖。

8. 8 月

本月已进入大暑，是全年最热的天气，饲养管理的主要目标是降温消暑。

（1）继续贯彻执行降温消暑 10 项措施。

（2）清凉饲料、清凉药物灵活施用。

（3）有条件的将种鼠移到阴凉的地下室饲养。

（4）停止配种繁殖，在同期发情的时间安排上，产仔期要错过 8 月。

（5）禁止车辆长途运输种鼠。

9. 9 月

本月虽然立秋，南方仍是持续高温，饲养管理仍以降温消暑为主要目标。

（1）继续贯彻执行降温消暑措施（详见第 62 页）。

（2）下旬天气转凉，抓紧做好配种繁殖工作。

（3）饲喂农副产品较多的，应注意防止农药污染引起中毒。

（4）既要防止闷热，又要防止风吹。

10. 10 月

中午和晚上温差较大，气候干燥，凉爽，是繁殖旺季，也是感冒、腹泻多发的月份。饲养管理应以提高受胎率和防感冒腹泻为主要目标。

（1）中午注意打开鼠舍门窗降温散热，晚上要及时关门窗保温，防止受凉感冒。

（2）精心下料，保证营养，促进竹鼠发情配种。

（3）收晒玉米芯贮存，做好冬季饲料收藏工作。

（4）注意防止饲料发霉中毒。

（5）下半个月可以选种、引种和长途运输。

（6）商品肉鼠催肥出栏。

11. 11 月

天气变冷，寒潮频繁，保温和提高产仔成活率成为本月饲养管理的主要目标。

（1）做好防寒保暖，防止冷风侵袭是本月饲养管理的重点。天气突然变冷，竹鼠被冷风吹，会造成批死亡。

（2）产仔母鼠和幼鼠要注意晚上补喂精料，以提高成活率，同时防止冷饿发病死亡。

（3）每天晚上要检查，发现堆睡取暖的，要给窝室添加垫草，将堆睡的竹鼠分开，防止竹鼠被压死。

（4）气温低于 12℃时要用温开水或温热稀饭调精料饲喂。

（5）进行竹鼠整群，将瘦弱竹鼠，淘汰的年老种鼠分隔出来，催肥 20 天左右作商品肉鼠出售。

（6）喂料要保持青鲜。饲喂干料的要搭配多汁饲料，保证竹鼠不缺水。

12. 12 月

冬季严寒，保暖育肥为本月饲养管理的主要目标。

（1）鼠舍门窗要用塑膜封严，不让冷风吹进窝室。窝室垫草要比平时加厚 1 倍。

（2）气温 15℃时，饲养池面要半盖纸板或塑料膜；气温 10℃时，要全盖塑料膜；气温 5℃时，池面覆盖双层膜，室内升火或放电炉加温，亦可用小鸡保温伞加温（有保温槽的大中池可不升火加温）。

（3）产仔哺乳母鼠每天早晚各检查 1 次，通过观察母鼠采食来判断仔鼠是否受饿受冻。

（4）加喂油类饲料，炒黄豆、葵瓜籽、火麻仁等增加抗寒能力和加快育肥。

（5）用温热开水或热稀饭调精料趁热饲喂。同时注意补喂多汁饲料，防止食物过干致使竹鼠缺水死亡。

（6）商品肉鼠催肥后出售。

（7）做好全年的科学饲养管理总结。

四、竹鼠不同阶段、不同目标精细管理措施

1. 哺乳仔鼠断奶体重（250～300 克）精细管理

哺乳期仔鼠生长发育最突出的特点是仔鼠生长快而自己又不会采食，母鼠奶水不足，制约仔鼠生长发育。根据这一特点，在饲养管理上要注意做好以下几个方面。

（1）哺乳阶段要精心养好母鼠。给哺乳母鼠补喂牛奶、矿物质微量元素和多种维生素，提高母鼠产奶量，以满足仔鼠迅速生长发育对各种营养的需要。

（2）母鼠补奶逐日增加。出生 1～15 天的仔鼠不会采食，全靠母鼠哺乳。给母鼠补喂牛奶的数量要随着仔鼠长大而逐日增加，以补奶母鼠每天吃后略有剩余为宜。

（3）第 15 天原粮饲料要小粒。仔鼠到第 15 天开始学采食，这期间要特别注意喂给的饲料，精饲料是原粮的要小粒，粗饲料要鲜嫩易消化。同时，给母鼠补喂的牛奶量要继续加大。

（4）第 25 天仔鼠改为人工哺乳。到第 25 天仔鼠已经学会采食，可以独立生活了。这时仔鼠生长旺盛，食量大增，靠母鼠哺乳已经不能满足其迅速增重的要求。所以，要把仔鼠隔离饲养，改为人工哺乳，直至 35 日龄断奶。

（5）仔鼠食量增大，每天喂半片酵母片。仔鼠食量增大，易出现消化不良的疾病。应每天给仔鼠喂半片酵母片，将酵母片研碎拌入精饲料喂给，以帮助其消化。

（6）注意防老鼠和消毒。整个哺乳期间，特别是 15 日龄前要注意预防老鼠吃仔竹鼠。另外，要注意饲料、食具的清洁卫生。装奶的碗每次用前都要用开水清洗消毒。

2. 幼鼠 95 天体重（1 050～1 200 克）精细管理

断奶后 2 个月的幼鼠，是驯食、合群与配对配组的关键时期。做好这两个月的饲养管理工作，就能获得适应性强、优良高产的后备种鼠和不挑吃、易育肥、生长迅速的商品肉鼠。

（1）断奶后第一个月实行单窝饲养，培养幼鼠独立生活和采食的能力。保持窝室内安静、黑暗的环境。给幼鼠喂全价乳猪料拌米饭，青粗饲料要求鲜嫩、易消化、多样化。投料次数增加，每天早、中、晚各投料 1 次。

（2）断奶 1 个月以后，喂料逐渐增多、变粗，同时将 2～3 窝幼鼠从小池移至中池或连通池群养，每群饲养 10～15 只，池面一半加盖，让幼鼠逐渐适应室内的光线。

（3）每半个月测重 1 次，达不到预期增重目标的，要调整饲料配方，加大 EM 投喂量，促进幼鼠消化吸收。

（4）创造最佳生长环境。勤换垫草，保持清洁卫生，夏季降温防蚊，冬季防寒保暖。防止猫、狗、家鼠等侵袭。

3. 繁殖种鼠的高产精细管理

繁殖种鼠的日常饲养管理要求已在"竹鼠人工繁殖技术"（第 49 页）一节中介绍。这里强调与高产密切相关的精细目标管理措施。

（1）选好高产种群。经过 1 年以上的观察、训练和培育，选择高产母鼠是获得高产种群的关键。

①选择有 4 对以上乳头显露的母鼠。

②选择能与 2 只以上公鼠同时配种的母鼠，是保证复配和多产仔的先决条件。

③选择怀孕期 42 天的母鼠，才有可能确保年产 4 胎，争取 5 胎。

④选择每胎产仔成活 4 只以上的母鼠。

⑤选择会带仔、产仔多且成活率高的母鼠。

按照以上原则，严格选择年产仔 4 胎以上、每胎产仔成活 4

只以上（即年产仔成活 16～20 只）的母鼠后代做种鼠，其产仔量可以比一般良种母鼠提高 80％。

（2）成年公母鼠配组群养。新买进的成年公母鼠如果不是原来配对配组的，首先应按照前述的方法合群饲养 20～30 天，相互适应以后，随意挑选出其中 1 公 3 母进行配组。注意只能重新合群，在群养条件下配组，不能单独配对配组，否则不但配不成对或组，还会互相咬伤。有个别成年公母鼠，单独喂养时十分温顺，一旦合群就会咬伤其他鼠。对这种合群性极差的公母鼠可采用剪掉其门牙或注射镇静剂等方法进行强制合群，或作为商品肉鼠处理。过去陈梦林编写的书和讲义曾强调竹鼠配对 1 公 1 母繁殖较好，那是野生驯养阶段的要求，只能确保其繁殖成功，但是产量很低，已不能适应新良种的推广和产业化大生产的需要了。

4. 商品肉鼠的催肥技术

商品肉鼠饲养从 95 日龄开始，可进行催肥 20～25 天，淘汰的老瘦种鼠也要催肥 20 天，使每只商品肉鼠重量达到 1 500 克以上。以下是催肥技术要点。

（1）大批量催肥工作宜选在秋、冬季节进行。

（2）催肥前进行 1 次驱虫。

（3）驱虫后全部盘点称重，记录每栏只数和总重量。

（4）催肥饲料中的精饲料由平时的 40～50 克增加到 50～60 克，青粗饲料由平时的 200～250 克减少到 150～200 克，选用营养好、易消化的饲料。

（5）根据育肥要求，设计制作出育肥专用营养棒（制法见前文），形同手指大小，每天给每只竹鼠喂 1 条。

（6）限制运动，窝室加盖，保持安静、避光。

（7）育肥期间，每周测体重 1 次。达不到预期增重目标的，要调整饲料配方，加大 EM 投喂量，促进竹鼠消化吸收。

（8）竹鼠的睾丸有特殊的药用功能，价值较高，有睾丸的个体能卖好价钱，故公竹鼠在催肥期间不宜阉割。

第八章 竹鼠疾病的防治

一、防病常识

1. 群养竹鼠的防病措施

野生竹鼠很少患病，但大群饲养须严格做好下列防疫工作，将病害降至最低程度。

（1）竹鼠养殖场门前应设有消毒池，进场人员要消毒鞋底，饲养员进入大池打扫卫生时必须换鞋。

（2）喂料之前要做详细检查，剔出发霉腐败的饲料，沾有污泥水的饲料要用清水洗净晾干才喂，勿喂雨淋后未干或带露水的草料和被农药污染的农副产品。

（3）各种用具、物品进入竹鼠养殖场前要清洁消毒。

（4）科学分群，将大小一致的竹鼠放在一个池里饲养。

（5）平时要每周更换或翻晒垫草1次，发现垫草霉变要及时更换。仔鼠断奶隔离后，窝草要全部清除，将窝室彻底消毒。

（6）要保持鼠池及窝室清洁、阴暗、干燥、透气、冬暖夏凉。

（7）控制饲养密度，防止竹鼠互相咬伤或堆睡被压死。

（8）要求饲料新鲜、多样化，经常补喂矿物质、维生素饲料，以增加营养，提高抗病能力。

（9）饲喂陈玉米及豆类之前，须用 EM 原液兑水3倍的稀释液或5%的石灰水上清液浸泡10分钟，清除霉菌漂洗后再饲喂。

（10）投喂保健饲料。竹鼠一般不用打预防针，但要按季节投喂中药防病饲料和其他营养保健饲料。夏、秋季多喂西瓜皮、红花地桃花、茅草根、绿豆等杀菌清热、消暑的饲料，冬、春季多喂鸭脚木、猫爪刺、马甲子等止痛、退热、防感冒的饲料，平时多喂嫩竹枝、骨粉、多种维生素、"比得好"添加剂等。通过投喂药物饲料和补充维生素，达到防病的目的。

（11）保持鼠场安静，场内禁止高声喧哗，谢绝外人参观。

2. 竹鼠患病的特征

（1）精神不振，被毛无光泽，不吃不动蜷缩一隅。

（2）行走无力，少吃少动。

（3）发烧时有眼屎、流泪，身体热而尾巴冷。

（4）患胃肠炎则拉稀，肛门周围沾有稀粪，有时粪便带血。

（5）患膀胱炎或内伤，可能出现血尿。

（6）表面上看不出有病，但身体干瘦，皮肤苍白。

（7）身上不见伤痕，但手摸可触及肿块。

（8）身上遍布黄豆粒至玉米粒大小的疱疹，甚至化脓。

遇到以上情况，要及时隔离治疗。

3. 购进竹鼠易患病的原因与预防方法

购进的竹鼠由于经过长途运输，接触病源机会增多，或由于运输途中拥挤、打架，笼内通风透气差，高温缺水等原因，加上环境和生活条件骤然改变，竹鼠一时难以适应，所以容易生病。以下是预防方法。

（1）向卖主了解该批竹鼠原来的生活环境（窝池构造）和饲料品种，以便尽量按照原来的方式饲养，如改变饲料，要由少至多逐步更换。

（2）放进鼠池之前，给每只竹鼠注射 0.4～0.5 毫升氯霉素或庆大霉素，以预防疾病。

（3）逐只体检，如有外伤要及时涂搽碘酒，伤口较深的涂敷云南白药或利福平，发现尾冷、有眼屎、拉稀者要隔离治疗。

（4）原来已养有竹鼠的，新买的竹鼠暂时不能放入合群，须隔离饲养观察 7～10 天，待检查确认无病后才能合群。

（5）引进种鼠 7 天内，每天饲喂做到"三看"——看精神、看食欲、看粪便，发现有病要及时治疗。

4. 给竹鼠投药、打针的操作方法

（1）给竹鼠投药。一般是将药物拌在精饲料中饲喂，如土霉素粉拌饭饲喂，也可将药液直接滴入竹鼠嘴里或用药液浸泡食物后投喂，还可在甘蔗茎、玉米秆中挖小洞将药粉塞进去投喂。这些投药方法简便，但应注意饲料中的药味不可太浓，否则竹鼠会拒绝采食。

（2）给竹鼠打针。一人用铁钳将竹鼠夹住保定，另一人用玻璃注射器吸取药液在竹鼠大腿内侧作肌肉注射。技术熟练时也可以一人操作，即先用注射器吸好药液，用铁钳将竹鼠颈部夹住并按在地面上，用脚踩住钳柄固定，然后一手抓住竹鼠后腿固定，另一手持注射器打针。药店出售的青霉素和链霉素每支剂量都比较大，青霉素多数是 80 万单位，链霉素在 100 万单位以上，而竹鼠每只每次最多用青霉素 10 万～15 万单位、链霉素 4 万～5 万单位，因此 1 支 80 万单位的青霉素粉剂要分作 5～8 次使用，1 支100 万单位的链霉素粉剂要分作 20～25 次使用。操作方法是先将青霉素或链霉素瓶盖打开，将粉末倒在干净白纸上，用牙签将青霉素分成 5～8 等份、链霉素分成 20～25 等份，然后分别包装，放入小塑料袋保存，防止回潮变质。使用时，将一小包药粉倒入已消毒的小玻璃瓶里，用注射器吸取 1～2 毫升注射用水与药粉混合、稀释，然后吸入 5 毫升的玻璃注射器，使用 7 号小针头，在竹鼠大腿内侧作 1 次肌肉注射。每天注射 3 次，待消炎或降温后，仍要坚持用药 1～2 天。

5. 竹鼠场常备药物

（1）土霉素片。研粉或溶于水后拌入饲料喂服，每只每次用1/4 片（商品竹鼠育肥期禁用）。

（2）土霉素注射液（用上海产的较好）。每次注射幼鼠 0.2 毫升、大的种鼠 0.4～0.5 毫升，作肌肉注射。对拉稀幼鼠，可将药液直接滴入其口中，每次 2～3 滴。

（3）万花油、云南白药、碘酒（浓度 2%～5%）、紫药水。外用。

（4）高锰酸钾。配成万分之一的溶液，用于浸泡饲料；若用于消毒用具，则配成千分之一的溶液。

（5）酵母片。研粉拌入饲料喂服，每次 0.5～1 片。

（6）青霉素粉剂。每次 10 万～15 万单位，用生理盐水稀释后 1 次肌肉注射。

（7）链霉素。每次 4 万～5 万单位，用法同青霉素。

（8）银翘解毒片、感冒灵、感冒清等感冒药。大鼠半片，小鼠 1/4 片，用饲料包裹喂服。

（9）氯霉素注射液。肌肉注射，每次用量严格控制在 0.6 毫升以内（商品鼠育肥期禁用）。

（10）其他人用药物，均可参考使用。

给竹鼠打针治疗，幼鼠用量是成鼠的 1/3～1/2。除青霉素可以用药稍多以外，其他的均要严格控制剂量，大的种鼠注射氯霉素、庆大霉素、土霉素超过 1 毫升，小鼠超过 0.6 毫升，均会很快引起中毒死亡。

（11）感冒冲剂、抗病毒口服液、阿莫西林、布洛芬等 4 种药（有哮喘的要加酮体芬）混合使用，可治疗普通病毒感染。

（12）强效头孢与多效强抗（黄芪多糖）进行肌肉注射，同时剪尾放血，可治疗犬瘟热。

（13）新霉素和先锋霉素可治疗大肠杆菌病。

（14）十滴水稀释 5～10 倍，每只竹鼠灌服 1 毫升，同时在竹鼠鼻孔涂搽清凉油可治疗中暑。

（15）乳炎康进行肌肉注射每只 1 毫升，每天 1 次，连用 3 天，可治疗乳房炎。

（16）多效强抗（黄芪多糖）与强效头孢注射液混合进行肌肉注射，可治疗仔鼠痫奶粪症。

（17）多效强抗（黄芪多糖）与双黄连注射液混合进行肌肉注

射，可治疗流口水病。

二、常见病的防治

野生竹鼠原是一种抗病能力很强的哺乳动物。经人工饲养以后，由于饲养密度加大、环境卫生差、隔离消毒不好、饲养管理不当，竹鼠生病也逐渐多起来。下面是一些常见疾病的防治方法。

（一）外　伤

外伤是人工饲养竹鼠最常见、发病最多的一种疾病。

【病因】主要由互相抢食、受惊吓、争夺窝室而互相咬伤，或被运输铁笼钩伤，或因捉拿方法不当而造成人为误伤。

【治疗】①轻伤涂搽紫药水或碘酒、万花油等，人用的外伤止血药均可使用。②创口较大较深、出血较多的要敷云南白药或利福平止血消炎。③用中草药大叶紫珠叶片或白背桐的果实研粉填塞伤口，可以止血和防止感染。④伤口不能用纱布包扎，也不能贴药膏或胶布，因为竹鼠会用牙齿将包扎物撕扯掉。

（二）脓　肿

【病因】竹鼠发生脓肿，多由打架致伤未能及时治疗而引起。

【病状】常见在竹鼠的头部、腹部、四肢及尾根有黄白色的化脓肿块，触压外硬内软。

【治疗】切开脓肿，排除脓汁，消毒创口，用氯霉素片研粉拌花生油涂搽，同时肌肉注射青霉素，每次 15 万单位，可以预防创口重新感染。

（三）胃肠炎

【病因】主要由饲料不清洁或发霉变质而引起。

【症状】病鼠精神沉郁，减食或不吃，肛门周围沾有稀粪，尾巴冷，晚间在窝内呻吟，日渐消瘦，脱水死亡。

【治疗】停喂 1～2 餐后，将土霉素 1 片（0.5 克）研成粉末拌精饲料喂服，日服 2 次。严重时可以在竹鼠大腿内侧肌肉注射氯霉素 0.4 毫升和青霉素 15 万单位。一般用药 2～3 次可治愈。此病到中期比较难治疗，故在喂养竹鼠的过程中注意细致观察，一旦发现有病要及时治疗。

（四）口腔炎

【病因】多因咬伤、啃伤或吞食笼网、锐物而引起。

【症状】不愿吃食，流涎，黏膜潮红发炎。重者精神萎靡，体温升高。

【治疗】①用 0.1％高锰酸钾溶液冲洗病鼠口腔或添加在饮水中让病鼠自饮，并口服消炎片 2 片，也可用碘甘油涂抹口腔。②重症者可肌肉注射青霉素 15 万单位或链霉素 20 万单位，每天 2 次，3 天为 1 个疗程。

（五）感　冒

【病因】多因气候突变，被风吹雨淋受寒而引起。

【症状】病鼠呼吸加快，畏寒，流清鼻涕，减食或不吃，体温下降，严重时体温升高。如不及时治疗，容易并发肺炎。

【治疗】①轻者可肌肉注射复方氨基比林，每次 0.3～0.4 毫升，每天 2 次；重者口服严迪，每次灌服 1/8 片，日服 1 次，连服 3 天，或肌肉注射 10 万～15 万单位青霉素，每天 3 次。②并发肺炎时，须用青霉素、链霉素交替注射。用药技术较复杂，应在兽医指导下进行。

（六）幼鼠消化不良

【病因】幼鼠吃进过多难消化的粗饲料而引起。

【症状】病鼠腹腔积满未消化的食物，腹胀、坚硬。

【治疗】给幼鼠停食 1 天，然后用山楂、大麦芽（或谷芽）各 3 克，煎水浸泡食物，晾干水后加 1～2 片酵母片投喂，连喂 3 天。

（七）腹泻下痢

【病因】多因吃进不干净的饮水而引起。

【症状】病鼠拉稀，肛门周围及后肢被稀粪污染，病初头下垂、眼无神，尾巴拖在地板上，行动迟缓。吃进霉变、腐败或有细菌、病毒污染的食物可使竹鼠发生拉痢。竹鼠发生腹泻不及时治疗也会发展为拉痢。拉痢症状是粪粒表面有一层淡黄色透明的胶状物，严重时为红黄色胶状物，伴有腥臭味。

【防治】①平时注意饮水清洁，不喂发霉变质的饲料。②用上海产的兽用盐酸土霉素。大鼠每次肌肉注射 0.5～0.6 毫升，幼鼠每次 0.2～0.3 毫升，每天 1 次，严重时每天 2 次，连续用药 3 天。③喂服 2 毫升 EM 原液，每天 2 次，连喂 5～7 天。可以较好地防治竹鼠拉稀和胃肠细菌性疾病。

（八）顽固性拉稀

【病因】病因尚未明。

【症状】竹鼠拉稀。注射氯霉素或硫酸黄连素、硫酸庆大霉素等止泻药仍无效，则属于顽固性拉稀。

【治疗】用上海产的兽用盐酸土霉素。该药作用较慢，但稳定、安全。大鼠每次肌肉注射 0.5～0.6 毫升，幼鼠每次 0.2～0.3 毫升，每天 1 次，严重时每天 2 次，连续用药 3 天。

【预防】停喂嫩玉米粒，喂干玉米粒时先用万分之一的高锰酸钾溶液（或 EM 原液兑水 3 倍）浸泡消毒 15～30 分钟，或用 5％的石灰水上清液浸泡 10～15 分钟，捞出晾干后再喂。

（九）大群腹泻

【病因】受冷刺激，竹鼠大群腹泻是比较常见的病，主要是因保温不善和饮食不当而引起。

【症状】大群腹泻，竹鼠尾部和肛门周围沾满稀粪，鼠池地面被粪水弄脏。

【防治】①加强保温，寒潮到来之前，要将竹鼠移到小池或大中池的保温槽里加盖塑料薄膜保温，同时在窝池里加厚垫草。特别寒冷的天气要加双层塑料薄膜。②加强饲养管理，气温在 12℃以下时，要用温热开水或热稀饭拌精饲料趁热饲喂以暖胃。③对症下药，用环丙沙星、土霉素治疗或用 EM 拌料喂。

（十）便 秘

【病因】由于食物过于干燥，青饲料不足，竹鼠长期缺水而引起。

【症状】病鼠开始尚能排出少量干硬细小的粪球，以后排粪困难，甚至数日无粪便排出。常伴有高烧，病程较长时，食欲锐减、拒食，精神不振，逐渐消瘦。患病后期肠管常胀气，病鼠精神沉郁，蹲在一处不动不吃，被毛粗乱。

【治疗】①用注射器吸 10～20 毫升温热肥皂水，脱去针头，从竹鼠肛门注入，干球粪很快就会被排出。②给竹鼠灌服 5～10毫升植物油（花生油、菜籽油等）。③喂新鲜青饲料和多汁饲料。通常只要增加食物的含水量就可预防便秘。

（十一）大肠杆菌病

【病因】由大肠杆菌引起，多发生于春、夏季。

【症状】病鼠腹大，触摸有波动感，母鼠常被误认为怀孕，剖检可见腹中有大量透明胶状物。

【治疗】采用新霉素和先锋霉素治疗，每天 2 次，每次大鼠注射 0.5 毫升，幼鼠减半，连用 3 天。

（十二）中　暑

【病因】夏天运输竹鼠如温度高达 32℃ 以上，车厢里通风不畅，养殖房内温度高达 35℃ 以上，室内通风不畅，或竹鼠在阳光下暴晒 20～30 分钟后，加上缺乏多汁饲料，体内水分得不到补充，就会发生中暑。

【急救方法】①将病鼠移到阴凉处，用湿沙将其身体埋住，只露出头部，经 10～15 分钟，竹鼠就会苏醒。②如找不到湿沙，可将竹鼠放到冷水里浸泡，让其露出头部，但要防止竹鼠大量饮水，否则即使中暑解除，该竹鼠也难养活。③将十滴水稀释 5～10 倍，每只竹鼠灌服 1 毫升，或在竹鼠鼻孔处涂搽清凉油。

（十三）肺　炎

【病因】由于冷热交替，竹鼠受寒抗病力降低，巴氏杆菌入侵而引起；鼠舍卫生差，通风不良，饲养密度过大等也易发病。

【症状】病鼠初期打喷嚏，流出脓性鼻涕，炎症发展到气管时出现咳嗽，发展到肺部时出现呼吸困难，病鼠张口呼吸，严重时出现战栗、痉挛和瘫痪而死亡。

【治疗】①用青霉素、链霉素交叉注射，用药技术复杂，应在兽医指导下进行。②金银花 5 克，菊花、一枝黄花各 3 克，水煮取汁加入饲料中喂服，每天 1 次，连服 3 天。

【预防】这种病很少见，天气急剧变化时，注意给鼠窝添加干草，不能让窝内太过潮湿，当竹鼠出现症状时应及时隔离。

（十四）牙齿过长、错牙

【病因】竹鼠属于啮齿类动物，牙齿会不断生长，所以它必须啃咬硬的竹木把过长的牙齿磨掉，才能使不停生长的牙齿保持一定的长度。由于人工饲养饲料比较精细，如没有提供硬的竹木给竹鼠磨牙，它只能啃咬地板及墙面，这样由于用力不均，有些牙齿会磨不平，造成牙齿歪曲过长、上下交错，幼鼠因为先天性畸形，也会长出歪牙。这些都会影响竹鼠嘴巴无法完全闭合，甚至不能进食，最后慢慢饿死。

【治疗】发现竹鼠牙齿长歪或过长，要用专用的钳子剪断磨平。方法是以左手抓住竹鼠的颈部毛皮，右手拿钳子在离牙根0.5厘米处剪断磨平即可。20天左右复查，如不平就再剪、再磨。

（十五）黑牙病

【病因】由坏死杆菌引起。竹鼠牙齿变黑、坏死，其不能采食而慢慢被饿死。

【治疗】此病要早诊断，早治疗。①初发病时用碘甘油涂搽患处。②用新霉素和先锋4号（头孢）治疗，每天2次，每次大鼠肌肉注射0.5毫升，幼鼠减半，连用3～5天。

（十六）血　粪

【病因】竹鼠粪便带血，多因吃进尖硬铁、木，刺破胃肠出血而造成。有的养殖户采用铁笼饲养，竹鼠会咬破铁笼、吞食铁丝而刺破胃肠出血，引起死亡。

【治疗】发现少量血粪，可用云南白药掺和面粉搓成条状喂服，或给竹鼠注射仙鹤草注射液，每次0.2～0.4毫升，每天2次。

【预防】不用铁笼饲养，不喂尖硬食物。

（十七）拒　食

【病因】病因尚未明。

【症状】竹鼠拒食，蜷缩一隅，慢慢消瘦而死，这是竹鼠发烧的一种症状。能引起竹鼠体温升高的病很多，发病时，竹鼠的粪粒变小变圆，表面有黏液。

【治疗】用庆大霉素在竹鼠大腿内侧肌肉注射，每次0.5毫升，每天2次，同时投喂鲜嫩竹枝和地桃花根茎等中草药饲料。

（十八）脂肪瘤

【病因】如果竹鼠体内的脂肪过多且无法消耗时就会发生脂肪肿瘤。

【治疗】竹鼠脂肪肿瘤可以用手术的方式摘除，但是如果没有影响到身体机能，可不摘除。预防的方法就是不要给竹鼠饲喂过多的高蛋白食物。

（十九）眼屎多

【病因】竹鼠有眼屎是一种症状，多种热性病或眼睛受到强光、化学药品、烟熏、异物刺激，都可能促其产生眼屎。具体病因尚未查明，只能对症治疗。

【治疗】①用淡盐水或用苦丁茶煮水洗去竹鼠的眼屎，再用氯霉素眼药水滴眼，每天 3 次。②肌肉注射硫酸庆大霉素 0.5 毫升。③如果竹鼠同时伴有尾冷，可注射青霉素 10 万～15 万单位，每天 3 次。

（二十）生性凶猛、攻击同类和咬仔

【病因】个别竹鼠生性凶猛，难以合群；有的产仔前后狂躁不安，攻击同类，咬仔吃仔。

【治疗】用镇静药氯丙嗪（片剂），研碎拌米饭或乳猪料饲喂，每只 1 次用 1/5 片。该药具有镇静、止痛的作用，竹鼠服后能很快转为安静。

（二十一）产后内分泌失调

【病因】母鼠产后因内分泌失调而引起。

【症状】母鼠产仔后食欲、精神、体温正常，随后迅速消瘦，最后干瘦到皮包骨，心力衰竭而死亡。这是产后内分泌失调症，一般于产后 10 天左右发病，也有在哺乳后期发病的，病程 10～20

天，死亡率达 80%～90%。个别公鼠配种后也发生这种情况。

【治疗】①母鼠注射丙酸睾丸素，用法看说明书，按人用量的 1/10，在后腿内侧肌肉注射，隔天注射 1 次，注射 3 次为 1 个疗程。②公鼠注射黄体酮，方法同母鼠。用药后其身体会慢慢增肥，待其恢复正常后再配种繁殖。

（二十二）乳房炎

【病因】多发于母鼠产仔后，因环境卫生差，细菌污染其乳头，母鼠又未及时喂奶，奶水溢出繁殖细菌而引起乳房发炎。

【症状】乳房红肿，严重时发热、起肿块。

【治疗】①肌肉注射乳炎康，每只每次 1 毫升，每天 1 次，连用 3～6 天。②用中草药六耳棱泡 40%酒精涂抹。

（二十三）哺乳期仔鼠屙奶屎

【病因】每年的 4～6 月为细菌高发期，鼠窝环境卫生差，母鼠带仔被细菌污染乳头，哺乳时仔鼠吃了带细菌的奶而发病。

【症状】仔鼠屙黄白色恶臭奶屎，然后慢慢消瘦而死。

【治疗】用多效强抗（黄芪多糖）与强效头孢注射液，在仔鼠后腿内侧肌肉注射，每天 1 次，连用 2 天。

（二十四）黄曲霉毒素中毒

【病因】因食进发霉玉米而引起。

【症状】病鼠少吃或不吃，拉褐红色稀粪。病死鼠全身皮肤呈黄色，解剖见肝硬化和肿大 2～5 倍，腹腔充满黄色恶臭积液。

【治疗】①停止饲喂发霉变质的玉米粒，对轻微发霉的玉米粒在饲喂前用 3%石灰水上清液泡 20 分钟，捞出晾干才喂。②灌喂 EM 原液解毒，每次 2 毫升，每天 2 次，直到排除的粪便恢复正常、病鼠康复为止。③将几片鲜龙胆草叶搓成指头大的丸子喂入病鼠嘴内，连喂 3～5 天，轻度中毒的病鼠可痊愈。

（二十五）甘蔗发霉中毒

【病因与症状】甘蔗砍回来放久了，在切口处会长出一种红色的霉菌，这种霉菌会沿着甘蔗创口迅速生长到甘蔗心。此霉菌毒性极强，竹鼠误食发霉的甘蔗会引起中毒，迅速死亡。含糖量较高的甜玉米秸秆也会长这种霉菌。

【预防】红霉菌毒素中毒很难治，主要靠预防：①收获甘蔗、甜玉米秸秆后，即用 EM 原液兑水稀释 3 倍喷洒切口，防止红霉菌生长。②喂料时仔细清除甘蔗、甜玉米秸秆中长有红霉菌的部分。

（二十六）木薯慢性中毒

【病因】木薯和木薯茎中含有氢氰酸，用来喂竹鼠容易引起慢性中毒。

【症状】竹鼠贫血，皮肤苍白，不发情，不能配种，繁殖能力下降。

【预防】不要用木薯和木薯茎喂竹鼠。

（二十七）农药中毒

【病因】竹鼠误食被农药污染的饲料而发生中毒。

【预防】农药中毒很难抢救，主要是做好预防工作：①发现竹鼠中毒，立即停喂饲料，检查并除去含毒饲料后再喂；如果无法确认饲料是否含毒，要全部更换当日所用的饲料。②不要到施放有农药的地方采割饲料。③到市场收捡饲料时，要仔细弄清饲料是否被老鼠药污染，怀疑被污染的饲料切勿捡回来喂竹鼠。④喂竹鼠的饲料不能与农药、化肥、灭鼠药等混放在一起。

（二十八）水泡性口炎

【病因】细菌或病毒感染均可引发此病。

【症状】病鼠表现为无精神，眼睛微闭，大量口水沿其嘴角流出，弄湿病鼠整个腹部和地面；采食很少甚至停止；患病比较严重的竹鼠，打开其口腔，可见舌头、牙龈和口腔内有白色小泡，刚开始发病时打开口腔仔细观察可以看到一些不明显的小出血点。

【治疗】①用生理盐水或自制冷盐开水冲洗，然后涂抹人用西瓜霜粉和利福平胶囊于口腔内，每天2次，直至舌头、牙龈和口腔内的白色小泡、小出血点消失，无明显外伤的涂抹2天即可。②用中草药扛板归煮水，一半冲洗病鼠口腔，一半拌入精饲料投喂。③养殖场所有的竹鼠采用中草药鱼腥草煮水拌料饲喂，每天1次，连用2天。

（二十九）流口水病

【症状】不是水泡性口炎也大量流口水。

【治疗】用多效强抗（黄芪多糖）与双黄连注射液，在竹鼠后腿内侧肌肉注射，每天1次，连续注射2天。

（三十）心力衰竭猝死

【病因】因热应激反应造成心力衰竭而引起。

【症状】强壮的公鼠在高温天气配种后很快死亡。多见于重复交配多、精神过度活跃、体力消耗过大的公鼠，产生热应激反应，造成心力衰竭猝死。高温高热天气因中暑也可引起此病。

【预防】公鼠在高温天气配种前要加喂葡萄糖和维生素C，两次交配要间隔3小时以上，每天配种不超过3次，注意配种场地要降温。高温高热天气要注意通风散热，运输竹鼠时要避免阳光直射。

（三十一）腿骨折与扭伤

【病因】造成竹鼠腿骨折和扭伤的原因很多，有时竹鼠的腿脚被绊倒而受伤引起，特别是后腿最容易发生；有时为了让竹鼠保暖，在窝室内放入一些毛巾类的东西，因为毛巾上面有很多的网孔，很容易勾住竹鼠的腿使其受伤；有些竹鼠爪子长得过长也很容易受伤；竹鼠从高处落下或是和同伴打架，也都可能会造成扭伤或骨折。

【症状】受伤的腿脚会一直抬高而不着地，走路时也一样，动作变得很奇怪。

【治疗】①外伤出血，立即将伤口消毒与止血。②骨折与扭伤严重的可涂抹消肿止痛酊，病鼠会慢慢康复。

（三十二）换牙期的特别护理

【病因】幼鼠牙齿脱落，是生长发育的正常现象。

【护理】①用酒精药棉涂搽 2～3 次，至 2～3 天后新牙长出。②换牙时用米饭拌颗粒饲料（小鸭料）饲喂，直到新牙出齐。

（三十三）普通病毒感染

【症状】竹鼠不明原因反复发烧，体温高达 39～40℃，病鼠困倦，精神不佳。如用强效头孢注射液治疗无效，血液化验体内白细胞不增加，说明不是细菌性疾病而是普通病毒感染。

【治疗】将人用感冒冲剂、抗病毒口服液、阿莫西林、布洛芬（有哮喘的加酮体芬）混合使用，用量按照说明书，为成人用量的 1/10～1/5，混合后加入少量温开水拌入精饲料中饲喂竹鼠。每天 1～2 次，连用 2～3 天。

（三十四）犬瘟热

【病因】本病是由犬瘟热病毒引起的急性、热性、高度接触性传染病。竹鼠患犬瘟热是由病犬和健康带毒犬传染。

【症状】本病的主要特征是体温呈双向型，即病初体温高达 40℃左右，持续 12 天后降到正常，经 2～3 天后体温再次升高时，少数病鼠会死亡，活着的病鼠出现咳嗽、呕吐、眼屎多，先便秘后腹泻。

【治疗】用强效头孢与多效强抗（黄芪多糖）混合肌肉注射，同时剪尾巴放血。这是治疗犬瘟热的特效方法，早期用药效果好。

（三十五）竹鼠细小病毒病与犬瘟热混合感染（拖后腿病）

【病因与症状】2011 年春夏，全国各地的竹鼠养殖场发生一种怪病，俗称竹鼠拖后腿病。表现为前期竹鼠进食量逐渐减少，排便不正常像拉稀或肠胃炎症状；病中期竹鼠后体麻痹，尿浸湿下腹部，后腿不能直立，靠前脚站立拖着后腿行走，还能够进食；病后期竹鼠发出一种怪叫声，痛苦呻吟，臀部发抖打颤，不到一个星期就死亡。根据发病猛烈、死亡率高的特点，可以初步判断是细小病毒病与犬瘟热混合感染。

【防治方法】

（1）一般性预防。①不从病场引入种鼠。必须引入的种鼠应隔离检疫 1 个月以上才能合群。②尽量不让外来人员和狗等进入竹鼠场内。做好清洁卫生和定期消毒工作。③发病时应向当地兽医部门报告，并采取紧急措施进行隔离、消毒、封锁，将病死的竹鼠焚烧或深埋。病区严禁出售竹鼠和引入种鼠。④留种竹鼠在 1 月龄左右接种本病的免疫血清，每只注射 0.2 毫升，4～5 月龄时再进行 1 次加强免疫，每只剂量为 0.5 毫升（这种免疫血清可由当地市级兽医站实验室自行配制）。

（2）紧急接种控制疫病流行。近年来，随着饲养竹鼠的数量增加，在我国南方一些地区曾爆发过该病，可紧急接种自制灭活组织疫苗。这种灭活组织疫苗由当地市级兽医站实验室采取本地区的典型病料组织（即病死竹鼠的脑、肾、脾、肝等脏器），用电动捣碎机充分捣碎，加 5 倍量生理盐水稀释后过滤，再加 0.2%～0.4% 的福尔马林溶液，置于 30℃ 左右恒温箱中灭活 24 小时以上，期间每隔 2～3 小时充分摇动 1 次，经无菌检查和安全检查合格后装瓶、封口即可使用。每只竹鼠肌肉注射 1 毫升。注射后 10 天疫情可被控制，20 天后竹鼠场恢复正常。

（3）发病早期治疗的方法同犬瘟热。

三、EM 的简易生产与用法

EM 活菌制剂是由光合菌、乳酸菌、酵母菌、放线菌、醋酸杆菌 5 科 10 属共 80 多种好氧和厌氧微生物组合而成，形成复杂而稳定的微生态系统。其中，光合菌能分解粪臭素，抑制氨气排放；放线菌能阻断粪臭素的生成，最大限度地减少畜禽粪尿的臭味。这些措施都能明显地抑制蚊、蝇的滋生。饲喂 EM 饲料或饮水不仅能提高竹鼠的繁殖率和产量，而且能减少竹鼠舍臭味，改善竹鼠场的卫生条件。竹鼠场使用 EM，1 个月后恶臭气味浓度可下降 90％，蚊虫、苍蝇减少 85％。在竹鼠舍按每立方米空间喷 20克 EM，能防止有害气体产生，使各种有害气体浓度下降到符合卫生标准。实践证明，EM 在促进生长、防病抗病、提高成活率、除臭杀菌去病毒、改善竹鼠肉的品质、生产无公害产品等方面有神奇功效。采用 EM 可降低养殖成本，减少使用或不用抗生素药品，生产出无药害的安全、合格的商品竹鼠。

1. 简易生产方法

（1）场地设备：生产场地可选择光线较暗的室内或能遮光的楼上阳台。主要生产设备是容量 50 千克或 25 千克蓝色不透明的有盖塑料桶以及提水桶、塑料瓶、锅和量杯。

（2）生产原料：EM 菌种（原液）、红糖、干净的井水或自来水。

（3）发酵方法：以生产 50 千克为例，先将容量 50 千克的塑料桶洗干净，桶内装入干净生水 45 千克静置 24 小时备用，然后将 2 千克红糖溶于 4 千克热水中，待冷却至 35～37℃后加入 EM菌种 2 千克，密封 2 小时使菌种活化，再倒入 50 千克的塑料桶中盖上桶盖，不必完全密封，让其在半密封状态下发酵。在发酵期间要注意开盖观察，发酵 4 天后水面会出现泡沫，第 10 天泡沫消失，水面浮起一层悬浮物，第 15 天后悬浮物沉入桶底，发酵结束。一般气温在 30℃ 以上的，发酵 15～20 天可完成；温度在 30℃ 以下的，发酵时间要延长到 25～45 天。

（4）EM 活菌制剂的质量检测方法：

①看颜色，正常为棕黄色，若变成乳白色，则说明发酵失败。

②闻气味，有较浓的酸甜味，没有酸味或变味则说明已变质。

③用试纸检测 pH 值，pH 值在 3.2～3.8 为达标，若 pH 值未达标，说明发酵时间不够或红糖放得少，必须加糖继续发酵。

④用一个矿泉水瓶装大半瓶 EM，拧紧瓶盖，用力摇几下，如果瓶中有大量气体，说明发酵成功，如果没有气体，说明发酵失败。瓶里出现一些悬浮物，属于正常现象。

（5）贮存与使用注意事项：

①EM 活菌制剂要保存在不透明的容器内，保存期为 6 个月。如用透明塑料瓶装，很快会变质。自产 EM 用做 2 级菌种的使用期为 3 个月，用于养殖业的使用期为 6 个月。

②EM 若长时间不使用，要放在阴暗干燥处半密封保存，如完全密封且保存时间过长，气味会发生变化，影响质量。

③一次引种，可连续不断地生产使用。在生产过程中，应注意不断提纯复壮菌种。没有提纯复壮能力的，一般连续接种生产 4～6 代以后就要更换新菌种。

④EM 在生产和使用过程中，不能接触任何抗生素药品。养殖过程如需使用抗生素药品，要注意间隔期。

2. 使用方法——用 EM 去霉、除臭、防病、促长

（1）EM 直接饲喂法：按精饲料量的 2％ 取 EM 原液，兑水 3 倍后直接喷入饲料中，边喷洒边搅拌，拌匀后即可饲喂。喂 EM 饲料后，竹鼠拉稀与顽固性下痢的症状可基本清除。

（2）用 EM 喷青粗料喂竹鼠：EM 菌液在红糖水中发酵 2 小时后兑 50 倍冷开水，喷入采回的青粗料中，边喷洒边搅拌，使 EM 菌液均匀沾在料上，晾干后投喂，竹鼠会很快采食干净，青料利用率可提高20%以上，竹鼠消化吸收功能增强，排粪减少1/4。

（3）喷雾消毒：坚持隔天用EM菌液的20倍稀释液喷雾消毒（包括对空气、地面、笼具、垫草等消毒），不仅能消除臭味、氨味，抑制病原微生物繁殖，还可以降低呼吸道疾病的发病率。

（4）霉变饲料去霉：取EM菌液兑水3倍，直接拌入发霉的玉米粉中密封发酵5～7天，产生的香味代替了霉味，可达到品味如新的效果。

第九章 竹鼠养殖高产创新模式技术的应用

一、使竹鼠多产仔的配套技术

1. 二次选种与重复配种

购种时尽量选择优良个体，然后通过自繁自养，选留那些年产仔4胎以上、每胎产仔4只以上的后代，并留断奶体重超过300克的优良个体做种。通过二次选种，母鼠的繁殖率和产仔数都可提高50%以上。母鼠断奶后立即放回大池群养，让3只公鼠轮流与其交配，达到重复配种的目的，可增加产仔数30%以上。两项相加达到增产80%。

2. 公母比例要适当

购买1公1母种鼠回来配对繁殖，小鼠阶段进行配组群养。1公配3母为一组，3～4组为一群。根据竹鼠喜欢群居的生活习性，这样多公配多母群养，竹鼠很快就能适应，其繁殖率和产仔数可大大提高。

3. 精心保胎，适时断奶

竹鼠怀孕1个月后，要补喂多汁鲜嫩的青饲料，产前10天到仔鼠断奶，每天要喂20～30克凉薯、红薯或马蹄。同时在精饲料中添加骨粉和多种维生素。哺乳7天后可直接给母鼠喂牛奶。25日龄的仔鼠已会吃饲料，可以提前与母鼠隔离，改为人工哺乳至35天断奶。

4. 精心配料，保证营养

以前驯养野生竹鼠只考虑保持原生态，设计的饲料配方营养水平较低；推测竹鼠在洞穴生活，不直接喂水；加上投喂饲料过干，消化吸收困难，竹鼠获得的营养少，所以生长缓慢。以下是改进措施。

（1）精饲料配制要营养全面、平衡，矿物微量元素、多种维生素用量加大 1 倍以上。

（2）精、粗饲料搭配按实际用量算，每天精饲料为 40～50 克，粗料为 200～250 克。

（3）配制成颗粒料干喂，增加喂水，帮助其消化。

（4）仔鼠哺乳期为 35 天，前 25 天由母鼠哺乳，后 10 天改为人工哺喂牛奶。

（5）每天要供应粗料 2～3 种，共 200～250 克；精饲料（一般用全价种鸡料）40～50 克。精饲料拌稀饭加点盐和矿物质饲料添加剂。要求粗料 60％是新鲜的。干料要用 EM 稀释液浸软后投喂。严禁投喂发霉变质的饲料，否则会影响竹鼠生长发育和繁殖。

5. 粗料充足，鲜嫩青料不间断

竹鼠喜吃植物性食物。白天躲在洞里啃食，若投放的粗料少，竹鼠常有饥饿感，即使精饲料充足也会影响繁殖。所以一般在下午下班前投喂青粗料，到第二天早上清扫窝室时，若还见有少量剩余的鲜青粗料，才算供料合理；如果池内只见一些啃不完的老竹竿（那是供竹鼠磨牙的，营养价值很低），说明青粗料不足。鲜嫩青料供应不足，竹鼠采食不饱，繁殖也会延期甚至停止。

6. 补喂竹鼠复合预混饲料

将复合预混饲料按 5％加入精饲料拌匀饲喂，使竹鼠营养全面、平衡，可增加年产窝数和每窝产仔数。

7. 清洁卫生

有些专业户饲养竹鼠，不注意鼠舍的清洁卫生，使竹鼠的窝池潮湿阴冷，使竹鼠几乎找不到干的地方睡觉。这样饲料再好也难配种繁殖。

8. 环境安静，温度适宜

受搬动、喧哗、强光、噪声刺激、人为惊扰等，竹鼠都会停止配种一段时间，即使能进行配种，其受孕率也很低。竹鼠繁殖适宜的温度是 8～28℃，遇高温天气时，可采取适当的降温措施，使其能够正常繁殖。当气温高于 34℃时，要采取综合的降温保护措施，否则母鼠会因口渴而吃仔或中暑死亡。当气温低于 7℃时，产仔室和保温槽上面要加盖板保温，产仔室和保温槽内的垫草要加厚到 6～10 厘米，这样冬天产仔才能确保成活。

二、竹鼠养殖高产创新模式生产流程的设计

竹鼠养殖高产创新模式的流程即优良品种高产定向选育、培育技术路线，具体设计如下。

（1）母鼠应尽量选择生产周期短的个体。42 天怀孕＋25 天哺乳＋3 天配种，繁殖周期 70 天×5 胎＝350 天，实现 1 年产 5 胎的目标。操作要点：母鼠孕期尽量短；仔鼠 15 天学吃食，开始补喂奶粉或牛奶；母鼠哺乳 20 天后开始注射同期发情药物；仔鼠 25 天提前断奶，同时将母鼠移到大池群养，让公鼠轮流交配。仔鼠提前断奶后，加喂奶粉和多种维生素，获得比母鼠哺乳更多的营养，仔鼠会长得更快。

（2）每胎多产仔、产大仔的培育。一是用基因移植法，将小母鼠的多产基因通过杂交移植给大母鼠。二是用获得多产基因的大母鼠和大公鼠重配、复配。通过这样的优势组合，可以繁殖出又多又大的后代。

（3）母鼠优中选优。选择会带仔、勤哺乳、繁殖成活率高的母鼠，并要求其产仔成活率在 95％以上。

（4）控制母鼠产仔性别。广西良种竹鼠培育推广中心于 2011 年 12 月公布了一项研究试验成果，即运用生物工程技术改变常规饲料的配比（不添加任何药品），从而控制母鼠产仔性别。广泛推广应用这项成果后，不用增加种鼠存栏数，只是改变种群的性别比例，可使年产仔数量提高 1 倍以上。

（5）优于生态，营养平衡，加快竹鼠生长速度。按 120 天体重全部达到 1 500～2 000 克来设计饲料配方。把竹鼠原来要养满 6 个月才能长到 2 000 克体重所用的精饲料，减去 2 个月维持生命的基础饲料，将余下 2 个月的长膘饲料加到新设计的 4 个月出栏的饲料配方里，让竹鼠 4 个月吃完原来 6 个月的长膘饲料，使竹鼠 4 个月就能长到原来需 6 个月才能达到的体重。这样，商品竹鼠可以提前 2 个月出栏，又可以节省 2 个月的基础饲料。这就是商品竹鼠饲养 4 个月可以长到 2 000 克的物质基础和理论依据。

（6）精细目标管理。分阶段制定出生产目标，再分段突破。总体要求是仔鼠育成率在 95％以上。

按以上设计繁育竹鼠，可实现年产 5 胎，平均每胎产 4 只仔，共产 20 只仔。哺乳期损失 5％，育成期损失 5％，共得 18 只竹鼠。这已经是很高的生产水平了。采用这个技术标准，大生产可按每只母鼠年产 15 只商品鼠来设计，留有 3 只作为超产指标。

三、解读《小草食动物生态农庄规划图》

1. 产业链的特点与优势

（1）这是一条闭环式的农业（养殖）生态产业链。在产业链里，上一环节产生的废物变成下一生产环节的生产资源，实现 1 次投入 6 次产出，达到循环利用的目的。生产成本在不断利用中下降，资源在重复利用中不断升值。经过重复生产利用，又使环境得到净化，生态达到平衡。在生产过程中，突破了传统生态农业的框架，拉长了农业产业链，培育了新市场，使原有产品大幅度升值。

（2）产业链选的品种都是成熟的技术，特别是竹鼠和黑豚还具有滋补、美容、抗衰老的功能。而火鸡是正在兴起的新潮食品。用它们来作为美食城和炖品店的主打食品具有很大的优势，继而发展连锁园、连锁城、连锁店，市场前景非常广阔。

（3）国家高度重视生态农业循环经济发展，各省（自治区、直辖市）的领导与农业部门在学习、落实科学发展观的过程中，都在寻找和试办这方面的典型，都在选择生态农业产业化发展的突破口。因此，这个项目本身就具备强大的生命力和示范推广价值。做好了，不仅是农业旅游观光的热点，更是体现地方政府政绩的"名片"，会引起轰动效应。

2. 产业链种养品种的选择原则

本产业链以竹鼠养殖为主，结合黑豚养殖，多种经营。可因地制宜，根据市场需求适当调整，但必须遵循以下四大原则：

（1）为特种种养的精品、奇品，集保健、食疗、观光一体化。

（2）是草食节粮、资源节约、再生环保型。

（3）产业化技术条件成熟，易于在城镇和农村推广。

（4）投入产出周期短，种养当年可见效。

3. 适当规模，稳步发展

（1）项目引入期（即起步阶段）：主导品种以良种竹鼠500对为宜，结合良种黑豚100对。经过1～1.5年饲养，技术、管理熟练了，滚动发展竹鼠达到1 000对，黑豚达到400对。养殖小区最多发展竹鼠达到10 000对，黑豚达到4 000对。

（2）按10 000对竹鼠和4 000对黑豚产出的粪便，决定下一环节的养殖规模，以此类推。

4. 规划用地80～100亩（公司示范总场用地）

（1）初级阶段产业链用地：32亩（其中竹鼠场12亩，黑豚场2亩，水产养殖4亩，种植10亩，美食城4亩）。

（2）达到设计规模：除美食城外，其他用地按3倍放大，达到100亩左右。

（3）农户养殖小区连片用地由农村建设按以上项目要求统一解决。

5. 实施项目的权威技术支持

本项目设计者陈梦林是我国公派援助非洲加蓬的饲养专家、

我国著名特种养殖专家、中国管理科学研究院研究员、全国农村科普先进工作者。其编著出版与本项目有关的专著有 9 部。

①《竹鼠养殖技术》，1998 年 9 月广西科学技术出版社出版。

②《特种养殖活体饵料高产技术》，2000 年 10 月上海科学普及出版社出版。

③《特种经济动物常见病防治》，2002 年 1 月上海科学普及出版社出版。

④《特种经济动物菜谱》，2002 年 2 月上海科学普及出版社出版。

⑤《竹鼠高产养殖技术》（VCD），2003 年 8 月广西百部乡土电教片。

⑥《特种种养产品特色加工》，2004 年 9 月广西科学技术出版社出版。

⑦《怎样养殖才赚钱》，2008 年 5 月广西民族出版社出版。

⑧《怎样办好一个生态养殖场》，2008 年 11 月广西科学技术出版社出版。

⑨《养生滋补炖品精华》（电子图书），2010 年 11 月广西精品图书创作中心。

说明：这份材料仅供决策参考使用，不是项目实施细则。如决定实施这个项目，经实地考察后，结合当地情况，本项目设计者陈梦林可协助编写项目可行性研究报告和项目实施细则。

四、拉长竹鼠产业链的八种建设模式

以竹鼠产业为龙头，将其他养殖场、种植场、工厂、天然山洞等编入竹鼠产业链，充分利用现有资源，发挥优势互补，实现农业生态良性循环。使有限的资源一次投入、多次产出，种养成本大幅降低，综合经济效益大幅度提高。

1. 竹鼠与黑豚组合

较好地利用场地和青饲料。饲养竹鼠的大池、中池、小池都适合饲养黑豚。同是草食动物，竹鼠吃老的根茎，黑豚吃嫩枝叶。

2. 竹鼠与野猪（野香猪）组合

竹鼠粪经过发酵后，可配制成野猪（野香猪）的上好饲料。对于边远山区无饲料粉碎加工设备的野猪（野香猪）养殖户，竹鼠就成为其天然的粗料"粉碎机"。竹鼠与野猪（野香猪）组合养殖，一料两用，优势互补，能取得事半功倍的效果。

3. 竹鼠与草鱼组合

竹鼠粪粒是天然的颗粒饲料，可直接喂草鱼。在池塘、水库上建房，上面养竹鼠，下面养草鱼。每天将竹鼠排除的粪粒清扫到水里，喂草鱼的工作也同时做完了。

4. 竹鼠与奶山羊组合

为加快仔鼠生长速度，有一个关键技术措施就是给哺乳母鼠和仔鼠补喂牛奶，但是竹鼠场大多远离市区，很难买到新鲜牛奶，长期用奶粉不仅成本高，而且质量无法保证。在竹鼠场里养奶山羊，可解决哺乳母鼠和仔鼠喝鲜奶的问题。奶山羊容易养，成本低，1只一代杂奶山羊每年可产 400～600 千克鲜奶。在青料充足的情况下，平均 150 克精饲料可以换得 500 克鲜奶。

5. 竹鼠与沼气池组合

在深山里建竹鼠场无法通电，可建沼气池，利用沼气能源照明是最佳的选择。实践证明，将竹鼠粪便放入沼气池发酵产生的沼气量是农作物秸秆产气量的 3 倍。

6. 竹鼠与甘蔗地（玉米地、果园）组合

有些农村人均只有几分地，实在找不到地方建场养竹鼠。可利用竹鼠昼伏夜出、生长发育不需阳光的特点，将竹鼠房建在山坡排水良好的耕地下 2 米处，地上种甘蔗、玉米和果树，地下是竹鼠房。这样方便集中竹鼠吃剩的青粗饲料和竹鼠粪便下地，只是地上地下来回搬动，能节省不少劳动力。

7. 竹鼠与糖厂组合

用糖厂甘蔗渣为主要原料生产竹鼠全价颗粒饲料的技术已经成熟，而利用糖厂休榨期的空房组装成临时的竹鼠养殖车间也很容易做到。这样，在糖厂休榨期间，季节工就不用回农村，在糖厂饲养半年竹鼠，就能得到一年的工资甚至更多。

8. 竹鼠与天然山洞、城区防空洞组合

天然山洞、城区防空洞等冬暖夏凉的地方很适合竹鼠生长。选择这种地方做竹鼠养殖场，可节约一半的建场成本。而且由于冬暖夏凉的优势条件，利于竹鼠繁殖，可使母鼠每年多产 1 窝仔。

第十章　竹鼠产业化生产的组织和管理

一、竹鼠产业化生产的组织

按我国现阶段竹鼠生产的水平，一般种鼠达到2 000只以上后，要按产业化大生产的要求来组织管理，才能获得较高的回报率。

（一）竹鼠产业化生产的条件与组织形式

1. 竹鼠产业化生产要具备的条件

（1）足够数量的优良种鼠，饲养种鼠达到2 000只以上。

（2）标准化竹鼠场设计与足够的多样化饲料基地建设。

（3）饲养员经过上岗培训并到示范场跟班实习10天以上。

（4）有较大的市场容量，或有较强的市场开拓能力。

2. 竹鼠产业化生产的四种模式

（1）大公司办场模式。2 000只种鼠以上，实行高密度工厂化养殖，自产自销。

（2）"公司＋基地＋农户"模式。公司办若干个基地，在养殖基地周围带动一批养殖户饲养。一般是公司投资，基地育种与培训、供种并指导农户发展，再由公司回收商品竹鼠。

（3）由农村经济能人牵头办示范场模式。成立竹鼠养殖合作社，带动群众饲养，常年存栏种鼠总量在5 000～10 000只之间，并由示范场回收商品竹鼠外销。

（4）"公司办示范种鼠场＋农户养殖小区"模式。公司示范总场规模有2 000～5 000只种鼠，供种并指导30～50户农户集中在养殖小区饲养，每户养500～1 000只种鼠，小区农户养殖种鼠总量达15 000～30 000只。养殖小区年产商品竹鼠11.25万～22.5万只。

前两种模式适合在城市边缘和乡镇所在地发展，后两种模式适合在农村发展。前三种模式各有优缺点，前两种模式投入较大，但产量高，效益好；第三种模式投入少，但分散饲养，难管理，商品竹鼠难回收，产值和效益也低。要提高竹鼠产业化生产的效益，必须解决既要迅速发展又要易于管理的两大难题。在总结分析前三种模式后，提倡创新发展第四种模式，它是实现农村产业化养殖竹鼠的便捷高效模式。

3. 农村产业化竹鼠养殖示范小区的建立

通过探索，作者在广西找到了适合自己养竹鼠的发展方式，在"公司＋基地＋农户"的基础上再上一个台阶——建立农村产业化竹鼠养殖示范小区。较好地解决了当前竹鼠养殖业发展面临的土地、资金、劳动管理、技术和市场等诸多难题，能较快提高当前农村养竹鼠的经济效益，引领更多农民养竹鼠致富奔小康。

（1）建立农村产业化竹鼠养殖示范小区势在必行。按目前农村由农户自由发展，分散办竹鼠场，很难提高养竹鼠的经济效益，养出的商品竹鼠也难收购和集中加工。农村产业化竹鼠养殖必须由分散走向集中，走工业化生产的道路才能上规模、出效益。

（2）养殖示范小区的建设规划。

①主体工程：30～50栋竹鼠房，每栋饲养1 000～2 000只竹鼠，年产商品竹鼠11万～22万只。小区主体工程由农民集资兴建或由公司建好后租给农民。

②产业链配套服务工程：2 000只种鼠场1个，日产2吨竹鼠浓缩颗粒饲料厂1个，日加工2 000只速冻冷鲜商品竹鼠生产线1条，向外联合办"竹鼠大世界美食城"1家。配套服务工程由公司建设经营。

（3）公司对农户养竹鼠小区进行统一管理。公司对农户养竹鼠小区按"一自主四统一"（即农户养竹鼠自主生产，统一优良品种，统一饲养标准，统一配送优质饲料、药品，统一商品竹鼠加工外销）的模式管理，将分散的一家一户组织成现代竹鼠产业化大生产。农民像工人一样，每天到养竹鼠小区上班，饲养属于自己的竹鼠。

（二）竹鼠产业化生产的工作程序与操作方法

1. 工作程序

确定饲养规模→选择场址→提出可行性报告→专家审定通过可行性报告→到办得好的几家产业化竹鼠场实地考察→决定购种的竹鼠场→派饲养员去跟班学习（或参加养殖竹鼠学习班后再到产业化竹鼠场学习）→进行竹鼠场设计与建设→完成基本建设→批量引进良种竹鼠（一般分 2 次引种）→对新进种鼠进行防疫隔离观察→科学分群进栏→在专家指导下建立严格的科学饲养管理制度→批量产出竹鼠→发展分公司或进行竹鼠产品深加工→用优质竹鼠产品参与市场竞争。

2. 操作方法

（1）组建办场班子（包括领导和科技人员）。

（2）经过实地考察，写出可行性报告。

（3）分析、论证可行性报告。

（4）科学建场。

（5）选送饲养员到大型竹鼠示范基地跟班学习。

（6）在技术人员参与下选好种鼠。

（7）饲养好预备种鼠。各项技术措施逐步到位。

（8）在专家指导下培育高产种群。

（9）建立办场目标管理责任制，把年目标分解为月目标，限期实现。

（10）做好产品市场定位与产品深加工。把竹鼠产业化生产提高到一个新的水平。

二、大、中型竹鼠养殖场实行目标饲养管理的十大指标

大、中型竹鼠养殖场实行目标饲养管理指标即高效益饲养竹鼠目标管理的各项参考数据，具体如下。

1. 鼠舍合理布局

（1）两栋鼠舍间距离至少 3 米，通风透光良好。

（2）种鼠舍以建双层竹鼠池为宜，下层饲养繁殖种鼠，上层饲养断奶离窝幼鼠。

（3）每栋鼠舍的一半用于饲养商品鼠。

（4）每栋鼠舍拟由 1 个饲养员（或 1 户）负责管理。

2. 饲养员素质

技术培训 5～7 天，跟班试养 20～30 天，经考试、考核合格，取得培训合格证书，持证上岗。

3. 饲养员养竹鼠数量确定

（1）自己采集青料加工，技术熟练的饲养员可每人饲养种鼠 500～600 只，不熟练的每人饲养 200～300 只。

（2）由专人采集青料加工，饲养员只负责投料、清洁和管理，技术熟练的每人饲养 600～1 000 只，不熟练的饲养 400～500 只。

4. 饲料标准

（1）平均每只成年竹鼠一天投喂精饲料 40 克，新鲜青粗料 200～250 克。

（2）商品鼠育肥每只日投喂精饲料 60 克，新鲜青粗料 150 克。

5. 供水原则与数量

（1）所喂精饲料较干，而新鲜青料又缺水的必须补喂水。

（2）竹鼠日需水量为 50～80 毫升。若母鼠缺水严重会吃仔。

6. 繁殖成活率

（1）经过优选的高产种鼠群，每只母鼠年均繁殖 12～15 只仔，并要求成活 10～12 只。

（2）不经过优选的高产种鼠群，每只母鼠年均繁殖 8～10 只仔，平均成活 6～8 只，很难达到 10 只。

7. 发病率、死亡损失率

（1）发病率控制在 3% 以下。

（2）死亡率占发病率的 5% 以下。

（3）非病损失率（鼠害、踩死、饿死）在 2% 以下。

8. 仔鼠与商品竹鼠质量标准

（1）哺乳母鼠产仔后 7～25 天补喂牛奶，仔鼠 25 天离窝，改为人工哺乳，35 天断奶。断奶体重须达到 250～350 克。

（2）商品鼠 100 日龄开始催肥。催肥 20 天后满 4 个月出栏，体重须达到 1 500～2 000 克。

9. 药品消耗

此项不含所用的生长素、多种维生素及矿物营养添加剂。

（1）每只种鼠年消耗药品、防疫费平均控制在 1.5 元以内。

（2）繁殖 1 只仔鼠增加药品及防疫费 0.5 元。

（3）培育 1 对预备种鼠增加防疫费 1.5 元。

10. 选种要求与使用年限

（1）优良种鼠要求遗传性能好，肥瘦适中，良种特征明显（无杂毛、早熟、高产、会带仔，耐粗饲，抗病力强）。

（2）预备种鼠体重：留种幼鼠在 35 日龄体重达 300 克左右，5 月龄青年预备种鼠体重达 1 250～1 400 克。

（3）种鼠繁殖年限为 2～4 岁，5 岁以上的繁殖率下降，要逐步淘汰。

三、竹鼠养殖的十二项关键技术

养殖竹鼠要获得成功，就要认真掌握好以下技术措施。

1. 科学建池

在一个竹鼠场内至少要有三种类型的养殖池。

（1）合群大池。高 70 厘米（饲养良种竹鼠池高为 50 厘米），面积 2 平方米以上。

（2）组合连通池。长、宽、高分别为 80 厘米、70 厘米、70 厘米（饲养良种竹鼠池高为 50 厘米），3 个池为一组，各池底部有一个直径 12 厘米的圆洞相通。

（3）产仔哺乳池。分为内、外两部分，外池长、宽、高分别为 70 厘米（饲养良种竹鼠池高为 50 厘米）、40 厘米、70 厘米，作为采食、运动间；内池长、宽、高分别为 30 厘米、24 厘米、70 厘米（饲养良种竹鼠池高为 50 厘米），顶上加盖，为产仔窝室。内外池之间的池底部有一个直径 12 厘米的圆洞连通。怀孕后期的母鼠移入产仔池饲养。

具体建池要求可参照本书第四章的相关内容。

2. 二次选种，培育高产种群

在购买竹鼠时尽量选择优良的个体，然后通过自繁自养，选留年产仔 4 胎以上、每胎产 4 只仔以上的后代，并用 30～35 日龄断奶体重超过 0.25 千克的优良个体做种。通过两次选种，母鼠的繁殖率和产仔数都可以提高 80％以上。

3. 从小组群

用不同群体高产母鼠的后代，按 12 只母鼠、3 只公鼠组成一群，体重在 500～600 克时就放在一个连通池内群养。这样从小组群，公母互不排斥，长大后容易配上种。

4. 从小驯食

仔鼠 15 日龄就能跟母鼠学采食，15～30 日龄是驯食的好时机。这段时间给母鼠喂料尽量多样化，使竹鼠从小适应各种饲料，长大后不挑食，为提高仔鼠育成率打下良好的基础。

5. 做好重配和复配工作

做好重配和复配工作是提高受孕率和产仔数的关键。竹鼠有较强的记忆力，如果不是原配对或配组，就会互相撕咬而拒绝交配；如果是从小组群，便会终生相伴。根据竹鼠这一特性，在一个发情期内，在原配组群养池中采用同一只公鼠，相隔半天时间对母鼠进行 2 次交配，称为重配。重配可提高受胎率。在一个发情期内，在原配组群养池中采用同一只母鼠，相隔半天时间与两只公鼠分别进行交配，称为复配。只有进行复配，1 胎产仔数才可能达到 5～6 只。

6. 适时断奶

断奶时间应控制在 30～35 日龄，具体断奶时间与天气和产仔数有关。暑热天气，断奶时间可适当提前。产仔 3～4 只的宜在 35 日龄断奶，产仔 5 只以上的在 25 日龄就要断奶，改为人工哺乳，否则仔多奶少，母鼠烦躁时会把仔鼠咬死。母鼠产仔越多，越要注意给哺乳母鼠喂牛奶，让母鼠有足够的奶水哺乳。现在推广高产技术，已经不提倡哺乳到 40 天了，而是在 25 日龄提前断奶，改为人工哺乳，使母鼠在 1 年内有足够的时间怀上第四胎。

7. 幼鼠补料

如 30 日龄断奶，母鼠产仔数较多、断奶时仔鼠个体较小，则要给仔鼠补喂牛奶 5～7 天，每天 1～2 次，每只每次 0.5～1 毫升，用除去针头的注射器滴喂。同时给断奶后的仔鼠每天喂多汁、鲜嫩、易消化、营养好的食物。成年鼠日喂 1 次精饲料，幼鼠日喂 2～3 次精饲料，每次投料量宜少，坚持少吃多餐。

8. 种鼠的饲料搭配

许多养殖户饲养的竹鼠不繁殖或繁殖率低，原因往往是饲料搭配不合理。正确的饲料搭配方法如下。

（1）精饲料。每只日喂 40 克，利用全价乳猪料（滴源或华桂公司生产的较好），用冷盐开水调湿投喂。

（2）粗饲料。每只日喂 250 克，要求有 2～3 种，防止品种单一，其中多汁饲料占 30～40 克。每周要喂 1～2 次竹枝。晚上喂粗饲料，白天喂精饲料。

（3）带仔母鼠晚上每只加喂精饲料 25 克，产 4 只仔以上的母鼠加至 40～50 克。

（4）投喂饲料添加剂。常用比得好 212 预混料和 EM 原液。用法参照说明书。

9. 执行科学的饲养管理制度

（1）鼠池要干燥、阴暗、凉爽、通风、安静。

（2）鼠场一般谢绝参观，减少人为惊扰。母鼠怀孕后期及产仔哺乳时更应保持绝对安静。

（3）平时保持饲料新鲜、多样、营养好和清洁卫生。

（4）冬天保暖，夏天防暑防虫，春、秋季防感冒，平时防腹泻。

（5）每天清扫投放精料的食台（食具），投料的时间要相对固定。

10. 商品肉鼠催肥和适时出栏

当竹鼠长到 600 克时即进入生长旺盛期，再饲养 1 个多月体重可达 1 千克，即可进行催肥。催肥方法是加喂淀粉、糖类饲料，每天精饲料由平时的 40 克增加到 60 克，催肥 20 天体重达 1.5 千克以上便可出栏。如继续饲养，增重反而缓慢，所以催肥后必须出栏，以免浪费饲料。

11. 严格防病

严格防病实际上是在精通技术基础上的科学饲养管理过程。饲养者每天巡视鼠场 2～3 次，巡视时做到"三看"——看精神、看食欲、看粪便，特别要防止成年鼠互相咬伤和母鼠咬仔吃仔。发现竹鼠异常要及时隔离治疗，并调整食物结构，添加中草药饲料、生物促长剂、矿物质元素和多种维生素等。

12. 发挥技术顾问的作用，尽快采用高新技术

养殖竹鼠容易成活，但要获得高产必须具备较高的技术。初

养者最便捷的途径是依靠技术顾问，借用他人的技术来办场。平时要详细做好生产记录，为专家现场指导提供科学依据。发现问题及时向顾问请教，技术顾问每个月到现场指导1次即可（也可通过互联网远程管理，在电脑上查看生产记录，不到现场也能具体指导）。办场的一切技术措施均按顾问的指导去做，那么在短期内便能以最低投入换取最高效益。

四、提高竹鼠商品生产经济效益的综合经验

产业化发展竹鼠养殖，是技术、信息和市场的竞争。掌握了科学饲养竹鼠技术，获得了高产，但并不一定就能赚钱。还必须利用信息、研究市场、参与市场竞争，扩大市场占有率，使产品畅销才能获得较高的经济效益。综合国内一些养殖大户的成功经验，总结为如下15点。

1. 向优良品种要效益

按目前农村养竹鼠的水平，饲养良种银星竹鼠与原来的银星竹鼠相比，经济效益提高1倍以上。同样是良种竹鼠，优良品种比一般良种效益再提高30%左右。目前良种竹鼠场提供的种鼠品种混杂严重，良种的生产能力已经逐步下降，购种者要特别注意。只有买到真正的优良品种，才能实现上述的经济效益。

2. 向选育高产种群要效益

高产种群只能选育，不能购进。因为大群引种，购买回来的种鼠虽然是优良品种，但个体之间生产能力还是有差别的，种鼠高产的个体每对年育成仔鼠达15只以上，低产的个体每对年育成仔鼠只有6~7只。在同一品种中不断选择优良个体和对优良种鼠不断进行提纯复壮，选育高产种群，使竹鼠群向优中之优发展。高产种群比一般优良品种生产能力可再提高30%~50%。

3. 向高产种群的繁殖高峰期要效益

种鼠的繁殖高峰期是2~4岁，到5岁以后繁殖能力就逐步下

降。虽然优良母鼠 5～6 岁仍能产仔，但其繁殖能力只有 2～4 岁的 1/3～1/2。所以，高产种群要加快淘汰和更新。只有使高产种群保持在繁殖高峰期限内，才能取得优质高产。

4. 向饲料合理搭配要效益

按科学饲养要求，竹鼠饲料由四部分组成：一是精饲料（全价颗粒料），二是青粗饲料，三是多汁饲料，四是微型饲料。互相配合使用才能使营养完善。目前农村养竹鼠多数只喂青粗料和颗粒原粮及糠拌米饭，配方不全，造成竹鼠严重缺乏矿物微量元素、维生素和蛋白质，所以营养不良、生长缓慢、繁殖率低下。虽然购进良种，但没有良法，良种的生产潜力就发挥不出来，这是当前农村饲养良种竹鼠产量低的根本原因。

5. 向减少饲料浪费要效益

据调查统计，一般竹鼠场饲料浪费率高达 35％。其中养殖池未经清扫就投粗饲料，造成粪便污染占 10％；精饲料不放在水泥砖饲料台上面饲喂，料碟放池里面，因竹鼠抢吃或脚踩进料碟造成污染占 10％，鼠耗占 3％，疫病死亡损失占 8％，水分缺乏、消化不良造成浪费占 4％。按科学测定，1 对种鼠含产仔平均 1 个月所需精饲料和粗饲料总量为 10 千克，1 年用料 120 千克，每对种鼠按每年浪费饲料 42 千克计算，这是一个很惊人的数字。可见，减少饲料浪费也是提高竹鼠场经济效益的有效措施之一。

6. 向提高饲养员素质要效益

在国内最大的竹鼠示范基地，目前每人可饲养种竹鼠 1 000 只，而在农村绝大多数竹鼠场，每人饲养种竹鼠只能达到 100～200 只。一个人饲养种竹鼠的数量相差 5～10 倍。不提高饲养员的技术素质，效益从何而来？

7. 向合理饲养规模要效益

饲养 50 对竹鼠可以一个人管理，饲养 500 对竹鼠也是一个人管理，劳动效率却提高了 10 倍。因此要因人、因地、因财力制宜，根据技术熟练程度，力所能及地扩大生产规模，提高效益。

但如果缺乏管理能力、技术又不熟练，则不能盲目扩大生产规模。

8. 向防疫要效益

总的来说，竹鼠比其他家畜家禽疾病少。但近年来，随着竹鼠饲养规模的扩大，在一些大养殖场疾病时有发生，因此决不能忽视竹鼠防疫。疾病防治要以防为主，要严格做好竹鼠场的隔离消毒工作，综合防治。种鼠场一般谢绝参观，要经常对鼠舍、笼具、饲养人员的手脚等进行消毒，杀灭病菌。要加强观察，及时隔离病鼠。做到无病早防，有病及时确诊和及早治疗，力求仔鼠成活率和商品鼠出栏率均达到95％以上。

9. 向周到饲养管理要效益

饲养员必须住在竹鼠养殖场内，每天早、中、晚各巡视鼠舍1次，发现问题及时解决。平时要认真做好饲料、饮水卫生工作，做到精心护理、按时饲喂，提高仔鼠和预备种鼠的成活率。时时注意鼠舍环境五要素——温度、湿度、通风、卫生、密度，使竹鼠在良好的环境中发挥出最大的经济效益。

10. 向经济管理要效益

俗话说："三分养，七分管。"管理是艺术、是财富。要做好人、财、物、产、供、销的管理，其中关键是人（饲养员）的管理。饲养员的技术素质、敬业精神和商品意识决定办场的成败。要做好劳动定额，制定奖励措施，实行目标管理责任制，最大限度地激励员工的工作积极性和创造性。饲养人员不仅要熟练掌握高产技术的每一个环节，而且还要学会成本管理、经济核算，每对种鼠都要进行生产能力测定，每出笼一对商品竹鼠或预备种鼠都要进行成本核算。每天都要做好生产记录，每月进行1次以效益为中心的生产情况分析，坚持不懈，就能取得较好的效益。

11. 向综合经营要效益

现代化的大型竹鼠养殖场专业化程度比较高，一般不搞综合经营。但在广大贫困地区发展竹鼠养殖业，搞综合经营是大有可为的。实行以竹鼠养殖为主，竹鼠、黑豚、草鱼、火鸡、甘蔗、甜玉米、奇特瓜果等联营，实行立体种养，全方位开发，竹鼠粪喂香猪、草鱼，塘泥肥果园，果园调节鼠舍气候，形成良好的生态环境，实现一地多营、一料多用、一人多管。同样的投入，经济效益可成倍增长。

12. 向产供销要效益

种鼠进入正常繁殖后，就要抽一定的时间跑市场，做广告，同客户广泛接触，不断拓展销售市场。既养竹鼠又卖竹鼠，精打细算，搞活流通，不断提高商品的知名度和市场占有率。最终实现以销定产，甚至利用客户订金来扩大生产，把经营风险降到最低限度，这样才能使高额利润有可靠保障。

13. 向产品深加工工作、延伸产品功能要效益

大批量生产商品竹鼠，当地市场极易饱和。大养殖场的经营思路不能完全寄托在销售活的商品竹鼠上，要全面提高办竹鼠养殖场的效益，必须抓好竹鼠产品深加工工作。通过产品深加工来延伸拓展产品的功能，延长销售时间，寻找理想的市场，赢得更大的利润。

14. 向市场竞争要效益

竞争是商品生产的自然规律，优者胜，劣者汰。要想在市场竞争中取胜，就得让自己养殖的竹鼠质量好、数量多，就得在经营上价钱合理、守信用、服务态度好，让顾客满意。同时要做好市场预测，争时间、抢速度，抓住市场机会，不断地把生意做大。

15. 向技术经济网络协作要效益

养竹鼠的生产条件是鼠舍、设备、资金、劳动力、技术、种苗、饲料、防疫、药品、销路等十要素，涉及各个方面。要争取地方政府支持、部门帮助、专家指导，密切横向联系，搞好公共关系，互惠互助，这样才能发展壮大养殖场。

五、强化竹鼠养殖企业管理执行能力的培养

1. 成立省（自治区）级竹鼠专家巡回服务团

现在许多竹鼠大中型企业（公司、养殖场、示范基地）不是没有建立规章制度，不是没有制订技术措施，而是管理不力，特别是管理执行力的缺位，使产量长期上不去。实践证明，开会宣传典型或办班培训两三天，根本解决不了问题。所以，必须组织专家巡回服务团队深入基层，对大中型竹鼠企业管理者实行技术管理的传、帮、带，甚至对问题较多的大型竹鼠企业实行签约帮扶，限期全面解决面临的难题，确保养殖获得高产。

2. 实施风险抵押投资承包

对条件较好，但技术特别薄弱，产量又很低的大中型竹鼠养殖场或新办的大竹鼠养殖场实施风险抵押投资承包。具体做法是竹鼠专家巡回服务团通过整合资源的方式，将1公3母为一组的50～100组种竹鼠调进承包竹鼠场饲养作示范。条件是技术上由竹鼠专家巡回服务团负责，饲养员由竹鼠专家巡回服务团选派，饲养员的工资各支付一半，其他饲养费用由竹鼠养殖场支付。竹鼠养殖场可派1～2名技术人员跟班学习技术和管理。产出的竹鼠收入归专家巡回服务团。这50～100组种竹鼠如果示范好了，就会把全场的产量带上来，专家巡回服务团按全场增产的10%收承包费；如果示范不好，专家巡回服务团作示范的全部种鼠归养殖场所有，这就叫风险抵押投资承包。

六、小、中、大型竹鼠养殖场建设参考数据

最近两年，编者接到许多读者的来电咨询：办小型、中型、大型竹鼠养殖场如何规划，需要什么条件，投资多少，效益如何。这些问题在电话里很难说清楚。现本书给读者一个较为详细的答

复，以供参考。

（一）（农村）小型竹鼠养殖场建设与投资效益分析

投资 6 万元，在山林、果园中建设 1 个 100 组（1 公 3 母为一组）的小型良种竹鼠养殖场，只需引进种鼠 100 对，1 个人饲养。自繁自养，滚动发展，经过 1～1.5 年的学习、实践，到技术熟练、管理成熟时，就可扩大到 100 组（种鼠 400 只）的规模，每年纯收入可达 23 万元（按广西 2011 年市场价计算，下同）。这是当前在广西的技术经济条件下，少投资、低风险、高效益办场的最佳选择。现将竹鼠场建设与投资效益分析如下。

1. 建设投资概算

（1）池、舍建设：鼠舍要求地势高燥，通风排水良好。竹鼠养殖场实行自繁自养，100 组种鼠需要建竹鼠舍 1 栋。规格为 15 米×7 米＝105 平方米（室内面积约 100 平方米），内建双层鼠池。每栋可养竹鼠 600 只，造价 1.57 万元。

（2）引种：竹鼠繁殖很快，饲养 100 组只需引种 100 对。2 月龄种鼠每对 270 元，共 2.7 万元。

（3）水电、工具、防疫消毒药品共 0.3 万元。

（4）饲料周转金（按 100 对饲养 180 天计）约需 0.36 万元。

（5）不可预测的开支［以上（1）～（4）项总和×15 ％］：共 0.74 万元。

合计：5.67 万元，概算取 6 万元。

2. 经济效益分析

（1）全年销售竹鼠收入：300 只母鼠年产仔成活（300×10）3 000 只。其中 50 ％（1 500 只，750 对）按种鼠出售，2 月龄每对 230 元，收入 17.25 万元；另外的 50 ％（1 500 只）按商品鼠出售，每只 120 元，收入 18 万元。合计 35.35 万元。

（2）全年支出：

①饲料支出。1 只种竹鼠 1 天饲料费 0.2 元，1 年 73 元，400

种竹鼠 1 年饲料费是 2.92 万元；2 月龄种鼠需吃饲料 50 天，每出栏 1 对种鼠需支出 8 元，750 对共支出 0.6 万元；出栏 1 只 1 500 克的商品鼠平均饲料费为 35 元，1 500 只共支出 5.25 万元。饲料支出合计 8.77 万元。

②防疫、消毒药品 1 万元。

③水电等其他开支 0.6 万元。

④不可预测开支（以上①～③项总和×15 ％）共 1.545 万元。

支出合计：11.915 万元。

（3）收支相抵，35.35 万元－11.915 万元＝23.435 万元，即为当年的收入。

3. 办场经营提示

这是按广西良种竹鼠培育推广中心示范场的高标准来设计的。要获得上述经济效益，必须具备以下条件：

（1）只有管理规范化，技术标准化，制订好种鼠、商品鼠的市场定位目标才能完全实现。如仅具备技术条件，通常只能达到设计目标的 60％左右。

（2）必须配备高素质的饲养员，饲养员参加培训班后，再到推广中心示范场跟班实习 20～30 天。

（3）出产 1 对 2 月龄的种鼠生产成本控制在 8 元以内，出产 1 只 4 月龄的商品鼠生产成本控制在 35 元以内。

（4）尽量减少销售中间环节。

（二）（林场）中型竹鼠养殖场建设与投资效益分析

在山林、果园中建设 1 个 1 000 对生态型良种竹鼠养殖场，前期只需建 1 个 350 对规模的种竹鼠场，通过自繁自养，滚动发展，再经过 1～1.5 年的学习、实践，到技术熟练、管理成熟时，就可扩大到 1 000 对的规模。这是在当前广西的技术经济条件下，少投资、低风险、高效益办场的最佳选择。

投资 57 万元，3 个人饲养。第一阶段按 350 对规模投产 1 年计算，当年纯收入 8.56 万元（若是算上 1 000 对种竹鼠的固定产值，每对至少 500 元计算，就有 50 万元收入）。第二阶段办场第三年纯收入 110 万元。现将竹鼠场建设与投资效益分析如下。

1. 竹鼠场建设投资概算

（1）竹鼠池、舍建设：竹鼠舍要求地势高燥，通风排水良好。竹鼠养殖场实行自繁自养，1 000 对种鼠需要建竹鼠舍 2 栋。每栋规格为 28 米×7.8 米＝218.4 平方米（室内面积约为 200 平方米），内建双层鼠池。每栋可养竹鼠 600 对，两栋可养 1 200 对。总造价 24 万元。

（2）配套建设：宿舍、饲料加工房、沼气池等 8 万元。

（3）引种：竹鼠繁殖很快，饲养 1 000 对只需引种 350 对。2 月龄种鼠每对 270 元，共 9.45 万元。

（4）水电、工具、防疫消毒药品共 1.5 万元。

（5）饲料周转金（按 350 对饲养 180 天计）约需 1.26 万元。

（6）每人月薪 1500 元，3 人全年工资支出 5.4 万元。

（7）不可预测开支［以上（1）～（6）项的总和×15 ％］共 7.44 万元。

合计：57.05 万元，概算取 57 万元。

2. 经济效益分析

（1）第一阶段：办场第二年，按 350 对规模投产 1 年计。

①全年销售竹鼠收入。350 对优良竹鼠种年产竹鼠 3 500 只，1 300 只（650 对）留种，可出售 2 200 只。其中 60％ 1 320 只（610 对）按种鼠出售，每对 230 元，收入 14.03 万元；40％ 880 只（每只 1 500 克，价格 120 元）按商品鼠出售，收入 10.56 万元。合计 24.59 万元。

②全年支出。

a. 饲料支出。1 对种竹鼠 1 天饲料费 0.2 元，1 年 73 元，350 对种竹鼠 1 年饲料费是 2.555 万元；2 月龄种鼠饲料消耗是成年种鼠的一半，每天饲料费 0.1 元，养到出售，需吃饲料 50 天，每出栏 1 对种鼠需支出 8 元，610 对共支出 0.488 万元；出栏 1 只 1 500~2 000 克商品鼠平均饲料费 35 元，880 只共支出 3.08 万元。饲料支出合计 6.123 万元。

b. 防疫、消毒药品 2 万元。

c. 3 人全年工资支出 5.4 万元。

d. 水电等其他开支约 2.5 万元。

e. 不可预测开支（以上 a～d 项的总和×15%）共 2.403 万元。

支出合计：18.426 万元。

③收支相抵，24.59 万元－18.426 万元＝6.164 万元，即为当年的收入。

（2）第二阶段：办场第三年，技术熟练，产量提高了，按 2 000 只种鼠计算，种群构成分为两种，原来 350 对配对不变，后来留种的 1 300 只按 1 公 2 母配组，共得 433 组。这样，母鼠（350 ＋433×2）达到 1 216 只，按每只母鼠年产 12 只仔计。

①全年销售竹鼠收入。1 216 只种鼠年产仔成活（1 216×12）14 592 只。其中 60% 8 755 只（4 377 对）按种鼠出售，2 月龄每对 230 元，收入 109.425 万元；40% 5 837 只按商品鼠出售，每只 120 元，收入 70.044 万元。合计 179.469 万元。

②全年支出。

a. 饲料支出。1 对种竹鼠 1 天饲料费 0.2 元，1 年 73 元，1 000 对种竹鼠 1 年饲料费是 7.3 万元；2 月龄种鼠饲料消耗是成年种鼠的一半，每天饲料费 0.1 元，养到出售，需吃饲料 50 天，每出栏 1 对种鼠需支出 8 元，4 377 对共支出 3.501 6 万元；出栏 1 只 1 500～2 000 克商品鼠平均饲料费 35 元，5 837 只共支出 20.425 9 万元。饲料支出合计 31.227 5 万元。

b. 防疫、消毒药品 5 万元。

c. 3 人全年工资支出 5.4 万元。

d. 扩建工程与现代交通、管理设备 15 万元。

e. 水电等其他开支约 5 万元。

f. 管理费用 7 万元。

g. 不可预测开支（以上 a～f 项的和×15％）共 10.294 万元。

支出合计：78.92 万元。

③收支相抵，179.469 万元－78.92 万元＝100.549 万元，即为当年的收入。

3. 办场经营提示

这是按广西良种竹鼠培育推广中心示范场的高标准来设计的。要获得上述经济效益，必须具备以下条件：

（1）必须配备高素质的管理人员，只有管理规范化，技术标准化，制订好种鼠、商品鼠的市场定位目标才能完全实现。仅具备技术条件，只能达到设计目标的 60％左右。

（2）饲养早熟高产的银星竹鼠品种。

（3）饲养员参加培训班后再到推广中心示范场跟班实习 1 个月。

（4）出产 1 对 2 月龄的种鼠生产成本控制在 8 元以内，出产 1 只 4 月龄的商品鼠生产成本控制在 35 元以内。要尽量降低饲养成本。

（5）有足够的青粗饲料供应。

（三）大型竹鼠养殖基地建设与投资效益分析

在山林中建设 1 个 1 万对良种竹鼠生态型养殖场，前期只需建 1 个 3 500对规模的种竹鼠养殖场，通过自繁自养，滚动发展，再经过 1～1.5 年的学习、实践，到技术熟练、管理成熟时，就可扩大到 1 万对的规模。这是在当前的技术经济条件下，少投资、低风险、高效益办场的最佳选择，供农垦及林场林下经济项目规划参考。

投资 540 万元，7 个人饲养。第一阶段按 3 500对规模投产 1 年计，当年纯收入 104 万元（若是算上 1 万对种竹鼠的固定产值，按每对至少 500 元计，就有 500 万元）。第二阶段办场第三年纯收入 1 082 万元。现将竹鼠场的建设与投资效益分析如下。

1. 竹鼠养殖场建设投资概算

（1）池、舍建设：竹鼠鼠舍要求地势高燥，通风排水良好。竹鼠养殖场实行自繁自养，1 万对种鼠需要建竹鼠舍 17 栋。规格为 28 米×7.8 米＝218.4 平方米（室内面积约为 200 平方米），内建双层鼠池。每栋可养竹鼠 600 对，17 栋可养 10 200 对。总造价为 204 万元。

（2）配套建设：宿舍、食堂、研究开发中心、饲料厂、竹鼠白条冷鲜肉和旅游方便食品加工车间、沼气池等 70 万元。

（3）引种：竹鼠繁殖很快，饲养 1 万对只需引种 3 500 对。2 月龄种鼠每对 270 元，共 94.5 万元。

（4）水电、工具、防疫消毒药品共 30 万元。

（5）饲料周转金（按 3 500 对饲养 180 天计）约需 12.6 万元。

（6）员工工资（10 人）：饲养员 7 人，每人月薪 1 500 元，全年工资支出 18 万元；管理人员 3 人，平均月工资 2 500 元，全年工资支出 9 万元。员工工资全年合计 27 万元。

（7）饲料种植地：40 亩，每亩租金 800 元，合计 3.2 万元。

（8）甘蔗 15 亩、王草 20 亩、甜玉米 5 亩、甜竹 1 000 株（种在耕作区和鼠池、鼠舍的周围，不占地）。种苗及耕作费合计 1.5 万元。

（9）农机具（含中型、小型拖拉机各 1 台，农用工具车、运输车各 1 辆）等共 30 万元。

（10）不可预测开支［以上（1）～（9）项的总和×15 ％］共 70.92 万元。

合计：543.72 万元，概算取 540 万元。

2. 经济效益分析

（1）第一阶段：办场第二年，按 3 500 对规模投产 1 年计。

①全年销售竹鼠收入。3 500 对优良种鼠年产竹鼠 35 000 只，

13 000只（6 500对）留种，可出售22 000只，其中60％ 13 200只（6 600对）按种鼠出售，每对 250 元，收入 165 万元；40％ 8 800只（每只1 500克，价格 120 元）按商品鼠出售，收入 105.6 万元，合计 270.6 万元。

②全年支出。

a. 饲料支出。1 对种竹鼠 1 天饲料费 0.2 元，1 年 73 元，3 500对种竹鼠 1 年饲料费是 25.55 万元；2 月龄种鼠饲料消耗是成年种鼠的一半，每天饲料费 0.1 元，养到出售，每出栏 1 对种鼠需支出 8 元，6 600对共支出 5.28 万元；出栏 1 只1 500～2 000克商品鼠平均饲料费 35 元，8 800只共支出 30.8 万元。饲料支出合计 61.63 万元。

b. 防疫、消毒药品 8 万元。

c.10 人全年工资支出 27 万元。

d. 水电等其他开支约 12 万元。

e. 扩建工程与现代交通、管理设备 20 万元。

f. 饲料种植地租金及耕作费 3.2 万元。

g. 农机具燃油、维修费共 5 万元。

h. 管理费用 8 万元。

i. 不可预测开支（以上 a～h 项的总和×15 ％）共 21.72 万元。

支出合计：166.55 万元。

③收支相抵，270.6 万元－166.55 万元＝104.05 万元，即为当年的收入。

（2）第二阶段：办场第三年，技术熟练，产量提高了，按 2 万只种鼠计。种群构成分为两种，原来3 500对配对不变，后来留种的13 000只按 1 公 3 母配组群，共配得3 250组。这样，母鼠（3 500＋3 250×2）达到13 250只，按每只母鼠年产 12 只仔计。

①全年销售竹鼠收入。13 250只种鼠年产仔成活（13 250×10）共132 500只。其中50％ 66 250只（33 125对）按种鼠出售，2 月龄每对 250 元，收入 828.125 万元；66 250只按商品鼠出售，

每只 120 元，收入 795 万元。合计 1 623.125 万元。

②全年支出。

a. 饲料支出。1 对种竹鼠 1 天饲料费 0.2 元，1 年 73 元，1 万对种竹鼠 1 年饲料费是 73 万元；2 月龄种鼠饲料消耗是成年种鼠的一半，每天饲料费 0.1 元，养到出售，每出栏 1 对种鼠需支出 8 元，33 125 对共支出 26.5 万元；出栏 1 只 1 500～2 000 克的商品鼠平均饲料费 35 元，66 250 只共支出 231.875 万元。饲料支出合计 331.375 万元。

b. 防疫、消毒药品 15 万元。

c. 工资支出（25 人）：饲养员和勤杂工 20 人，每人月薪 1 600 元，全年工资支出 38.4 万元；管理、技术人员 5 人，平均月工资 2 800 元，全年工资支出 16.8 万元。员工工资全年合计 45.2 万元。

d. 扩建工程与现代交通、管理设备 30 万元。

e. 水电等其他开支约 20 万元。

f. 饲料种植地租金及耕作费 3.2 万元。

g. 农机具燃油、维修费共 5 万元

h. 管理费用 20 万元。

i. 不可预测开支（以上 a～h 项的总和×15 %）共 70.466 万元。

支出合计：540.241 万元。

③收支相抵，1 623.125 万元－540.241 万元＝1 082.88 万元，即为当年的收入。

3. 办场经营提示

这是按广西良种竹鼠培育推广中心示范场的高标准来设计的，是超大型项目，国内没有先例。要获得上述经济效益，必须具备以下条件：

（1）必须配备好高素质的管理人员，并在广西良种竹鼠培育推广中心专家组亲临指导下才能确保目标完全实现。如仅具备技术条件，通常只能达到设计目标的 60 %左右。

（2）饲养早熟高产的银星竹鼠品种。

（3）饲养员参加培训班后再到推广中心示范场跟班实习 1 个月。

（4）出产 1 对 2 月龄的种鼠生产成本控制在 8 元以内，出产 1 只 4 月龄的商品鼠生产成本控制在 35 元以内。要尽量降低饲养成本。

（5）有足够的青粗饲料供应。

（6）有较强的技术推广和产品营销团队。

第十一章　竹鼠产品的加工

一、竹鼠的屠宰与剥皮、制皮技术

1. 鼠皮的剥制方法

（1）屠宰：竹鼠剥皮多在 11～12 月进行，此时竹鼠绒毛整齐，有光泽，皮板质量好。为了得到完整的鼠皮，保持其耳、鼻、尾、四肢的皮的完整性，可用麻醉法、电击法、心脏空气注射法和化学药物毒杀法等屠宰方法，原则上是迅速处死，避免污染绒毛。

（2）剥皮：在屠体尚温热时剥皮较易操作，可采用圆筒式剥皮法。首先是挑裆，即用挑刀从后肢肘关节处下刀，沿股内侧背腹部通过肛门前缘挑至另一后肢肘关节处，然后从尾的中线挑至肛门后缘，再将肛门两侧的皮挑开。接着是剥皮，先剥离后臀部的皮，然后从后臀部向头部方向做筒状翻剥，剥到头部时要注意用力均匀，不能用力过猛，以保持皮张完整。不要损伤皮质层，用剪刀将头尾附着的残肉剪掉。剥皮时，不断撒些麦麸或锯末等在皮板上或手上，以防止鼠血及油脂污染绒毛；下刀务必小心，用力平稳以防将皮割破。

2. 生皮防腐技术

刚剥下的皮张含有大量水分和蛋白质，并存在多种细菌，若温度适宜而又不及时进行防腐鞣制，就会腐败变质。

（1）干燥防腐法：将生皮晾至六七成干时，将皮翻过来，使毛面向上、皮里朝向地面。待晾至八成干时，以 30～35 张皮垛成一堆，压平 24 小时，然后散开，通风晾干即可入库。

（2）盐腌防腐法：采用粒盐干腌或盐水处理鲜皮进行防腐。

3. 竹鼠皮初步加工

初步加工的目的是使鼠皮容易保存，以便出售。鼠皮剥离后，皮板上残留有一些油脂、血迹等，若不处理会给贮存和鞣制带来不利影响。

（1）刮油：将鼠皮头部固定在剥皮板上。刮油用力要均匀，持刀要平稳，以刮净残肉、结缔组织和脂肪为原则。初试刮油者用的刀要钝些，由尾部向头部逐渐往前推进刮至耳根为止。刮时皮张要伸展，边刮边用锯末或麦麸搓洗手和鼠皮，以防油脂污染毛皮。刮至母鼠乳头或公鼠生殖器孔时，用力要轻，防止刮破。头部残肉不易刮掉，要用剪毛剪子将肌肉和结缔组织小心剪去。

（2）洗皮：皮张刮完油后要洗皮，用米粒大小的硬锯末或粗麦麸，先搓去皮板上的浮油，直搓至不黏锯末或麦麸为止，然后将皮筒翻过来，洗净被毛上的油脂等污物。洗皮用的锯末或麦麸一律要过筛，如果太细会黏住绒毛而影响毛皮的质量。注意不要用松木的锯末，因其树脂多，会影响洗皮效果。

（3）上楦固定：为了使皮张具有一定的形状和幅度，符合商品要求，利于干燥和保存，洗好的皮要及时上楦固定。上楦板时，先固定皮张头部于楦板上，然后均匀地向后拉长皮张，使皮张充分伸延，再把其眼、鼻、四肢、尾等部位摆正，用钉子将各部位固定。上好楦板的皮张要立即进行干燥。干燥方法可因地制宜，养殖场最好用吹风干燥法，个体户可采用烘干法，但室温不得超过18℃。经过10小时，皮张干燥到六七成时再将毛面翻出，让皮板朝里、毛面朝外。严禁温度过高，更不能暴晒或猛火烘烤，防止毛峰弯曲。还要注意及时翻板，否则会影响毛皮的美观。目前大型养殖场多用一次上楦控温鼓风干燥法，其设备简单、效率高。

（4）下楦板：皮张含水量降至13％～15％时下楦板，如果含水量超过15％，保存时易发霉。下楦后还需进一步对皮张进行整理，用锯末或麦麸搓去灰尘和脏物，然后梳毛，使绒毛蓬松、灵活、美观。

二、腊竹鼠的制作技术

1. 原料

原料为竹鼠和调料。调料为白糖、精盐、酱油、味精、白酒、茴香、桂皮、花椒、硝石。

2. 腌制

（1）竹鼠去毛去内脏洗净，尾巴切去末端。

（2）用50℃温水将洗净的竹鼠浸泡软后去浮油，放在滤盘上沥干水分。

（3）用调料拌制。拌制时先将竹鼠放在容器内，再将调料混合均匀，倒入缸内，用手拌匀。每隔2小时上下翻动1次，尽量使调料渗透到竹鼠内部。

（4）腌制时竹鼠须分大小规格，以确保质量。腌制8～10小时即可取出系绳。此时如发现腌制时间不足，可放入腌缸复腌再出缸。

（5）竹鼠腌制好后捞出控干，绳头系在尾巴上，长短要整齐，置晾架上晾晒。如遇阴雨天，也可移入烘房烘。晴天再拿出来晾晒，一直晾晒至出油为止，最后移入室内风干，即成有香味的腊竹鼠。

（6）经常检查竹鼠的干湿程度。如暴晒过度，则滴油过多，影响成品率；如晾晒不足，则容易发生酸味，而且色泽发暗，影响质量。晾晒时应分清大小规格，以防混淆。

（7）对腊竹鼠成品要检查是否干透，如发现外表有杂质、白斑、焦斑和霉点等现象时，应剔出另做处理。

（8）腊竹鼠贮藏时应注意保持清洁，防止被污染，同时要防被鼠啮、虫蛀。如吊挂在干燥通风阴凉处，可保存3个月；如用坛装，则在坛底放一层3厘米厚的生石灰，上面铺一层塑料布和两层纸，放入腊竹鼠后，密封坛口，可保存半年；如将腊竹鼠装入塑料食品袋中，扎紧袋口埋藏于草木灰中，也可保存半年。

（9）腊竹鼠需要外运时最好装纸板箱，四周衬蜡纸以防潮。但在装箱时如发现腊竹鼠已回潮，必须重新晾晒，待冷却后再行装箱，否则在运输途中容易变质。

3. 产品特点

色泽金黄，肉身干燥，鲜美可口，野味飘香。

三、夹棍烤竹鼠的制作技术

（1）将竹鼠宰杀，用沸水浇烫煺毛，洗净后剖腹，清除内脏。

（2）将鼠肉带皮切成长 10 厘米、宽 4 厘米左右的肉块。

（3）加抹适量食盐、辣椒粉、八角粉、野花椒粉，用鲜香茅草捆扎后，用竹夹棍夹住肉块在炭火或烤炉上烘烤至七八成熟。

（4）取出肉块将肉锤松，加切细的葱、蒜、芫荽拌抹揉搓，重新上夹烘烤至熟即供食用；或将油烧滚后浇淋在烘烤好的竹鼠肉上，再装盘食用。

烤竹鼠肉色褐红油润，肉质嫩软，味道鲜美可口，营养丰富，民间视其为珍品。

四、竹鼠药酒的制作技术

竹鼠具有很高的药用价值，用于泡药酒后功效尤为显著。几种竹鼠药酒炮制方法如下。

1. 竹鼠血酒炮制方法

用大碗盛 50°以上的白酒 500 毫升，宰杀 2～3 只竹鼠后将其血注入。先将竹鼠用铁钳固定好，然后一人抓钳提尾，另一人左手紧握竹鼠颈背，右手持尖刀刺入竹鼠咽喉部（与杀猪进刀部位相同）的静脉窦，抽出刀时，血流注入酒中。酒中掺入竹鼠血越多越好，通常每 500 毫升白酒注入 2～3 只竹鼠鲜血，拌匀即可饮用。每次饮服 20～40 毫升，可治疗哮喘、老年支气管炎和慢性胃痛。竹鼠血酒一次饮用不完，可放冰箱冷藏室中保存。

2. 竹鼠胆酒炮制方法

用大碗盛 50°以上的白酒 250 毫升，将 1 只竹鼠的鲜胆汁滴入拌匀，即可饮用。每次饮服 50 毫升，可治眼炎和耳聋，平时常饮有助于清肝明目。竹鼠胆酒一次饮用不完，可放冰箱冷藏室中保存。

3. 鼠骨药酒炮制方法

（1）配方：竹鼠生骨 60～80 克，猫骨 30～50 克，黄精 30克，肉苁蓉 30 克，黑豆（炒）50 克，川芎 15 克，大枣 7 枚，当归身 15 克，山萸肉 30 克，枸杞子 20 克，杜仲（炒）25 克，60°白酒 1 升。

（2）制法：将生竹鼠骨、猫骨炙酥后捣碎，与药物、白酒共置入容器中，密封浸泡 1 个月以上。

（3）用法：早、晚各饮服 1 次，每次 20～30 毫升。

（4）功效：主治关节痛、类风湿、坐骨神经痛。

五、竹鼠烹饪技术

（一）食用竹鼠的粗加工

在我国南方省区，食用竹鼠一般不剥皮。宰杀时，先用 15～20 毫升白酒徐徐灌入竹鼠肚内，待其口中冒出白沫，说明竹鼠已经昏醉，这时用小尖刀刺喉放净其血液。然后用 80℃热水烫屠体 2～3 分钟，烫好后顺着煺毛。清除粗毛后，用刀刮去小毛，再用火烧去细毛，烧至竹鼠的外皮稍焦，以增加它的香气。洗刮干净后开膛除去内脏和骨头（散焖和生炒竹鼠也有不除骨的），将骨头煲水与竹鼠肉一起烹制，以保持原汁原味。宰杀好的竹鼠可进行焖、扣、清炖、红烧、干锅、生炒等多种烹制。

（二）竹鼠大众食谱

1. 爆炒竹鼠

【原料配方】竹鼠 1 只，青红椒 100 克，生油、料酒、精盐、味精、酱油、葱花、姜丝各适量。

【烹调方法】

（1）将竹鼠去皮、内脏、脚爪，洗净，放入沸水锅内焯一下，洗净血污，斩块。

（2）锅烧热，加花生油投入竹鼠块煸炒，烹入料酒、酱油、精盐、味精、姜丝和适量清水，煸炒至竹鼠肉熟入味，再加入青红椒爆炒，出锅装盘即成。

【特点】色泽金黄，香气扑鼻，肉嫩爽口。

2. 清炖竹鼠（一）

【原料配方】竹鼠 1 只（重约 1 千克），冬笋 100 克，黄豆 200 克，清水 2 升，料酒 1 大匙，盐 1 小匙，姜 2 片，花生油 1 大匙，葱 2 根。

【烹调方法】

（1）将竹鼠切成块，加入姜、酒、盐腌渍半小时。

（2）锅放入清水，加入腌渍好的竹鼠肉、冬笋、黄豆，大火煮沸后，改为小火炖 2 小时（或用高压锅大火煮至喷气后，改为小火炖 15 分钟，熄火后停 20 分钟才开盖）。

（3）上桌时菜面撒上葱即可食用。

3. 清炖竹鼠（二）

【原料配方】带骨竹鼠肉 300 克，猪五花肉 100 克，盐 2.5 克，味精 2 克，八角 0.5 克，花椒、葱、姜各 5 克，猪油 25 克，鸡汤 900 克。

【烹调方法】

（1）将竹鼠切成 3 厘米大的方块；猪五花肉切成 3.5 厘米长、

2.5 厘米宽、0.5 厘米厚的片，葱切段，姜切块。

（2）锅内放开水，将竹鼠肉块与猪肉片下锅焯透，捞出后放入凉水中洗净血污，控净水分。

（3）锅内放鸡汤，将竹鼠肉块与猪肉片入锅烧沸，撇净浮沫，再放葱、姜、花椒、八角、盐、味精、料酒、猪油，转小火炖 2 小时至肉烂熟即成。

【特色】肉烂，汤清，鲜咸，醇香，显东北风味。

4. 生焖竹鼠

【原料配方】竹鼠 1 只（重约 1 千克），嫩竹枝 1 小节，姜 2 片，料酒 1 大匙，食盐 1 小匙，豆腐乳半块，食醋 200 毫升，酱油 2 小匙，白糖 1 小匙，蒜苗 100 克，葱 2 根，清水 1 升。

【烹调方法】

（1）将竹鼠切成块，加入姜、酒、盐腌渍半小时。

（2）放入铁锅中用花生油爆炒至冒白烟，加入醋 100 毫升、清水 500 毫升（盖过肉面）、竹枝 1 小节，大火煮沸后，小火焖至水干。

（3）再加入另一半水、醋和酱油、豆腐乳、糖，焖干，加入花生油和蒜苗爆炒，出锅撒上葱即可食用。

5. 红焖竹鼠

【原料配方】肥嫩竹鼠 2 只，蚵干 50 克，水发香菇 10 克，葱白段 5 克，姜片 10 克，绍酒 50 克，酱油 20 克，熟猪油 100 克，味精 10 克，精盐 3 克，上汤 500 克，湿淀粉 4 克，香油 5 克，桂皮 2 克。

【烹调方法】

（1）将竹鼠宰杀褪毛，剖腹去内脏，将耳、鼻、眼剖开后切成块洗净，下沸水锅氽一下（排除血水及腥味），捞出、沥去水分晾凉。

（2）将锅烧热放油，先放入葱白段、姜片，后放蚵干、水发香菇、竹鼠、桂皮、绍酒、酱油、精盐，炒至水干。

（3）加入上汤、味精，用旺火烧开，后用慢火焖 30 分钟，加入香油、湿淀粉即可。

【特点】肉质酥软，味鲜香浓。

6. 干锅竹鼠

【原料配方】竹鼠 1 只，姜、酒、糖、醋、盐、酱油、豆腐乳适量，竹枝 1 小节，啤酒半杯，葱 2 根。

【烹调方法】按生焖竹鼠的方法煮至八成烂熟，转入砂锅，加入啤酒文火慢炖，撒入香葱，趁热食用。

7. 高压锅红烧竹鼠

【原料配方】竹鼠 1 只，嫩竹枝 1 小节，姜、醋、酱油、酒、葱、八角、麻油、盐各适量。

【烹调方法】

（1）竹鼠切成块，将调料配成 400 毫升的卤汁，将竹鼠腌渍 1 小时。

（2）放入高压锅中烹煮到喷气，改用文火炖 20 分钟，熄火 15 分钟后放气减压，开盖，出锅撒上香葱、麻油即可食用。

8. 葱油竹鼠

【原料配方】竹鼠 1 只，竹枝 1 小节，葱、姜、麻油、盐、醋、酱油、糖、酒各适量。

【烹调方法】

（1）将竹鼠切成 4 大块，加配料腌渍半小时，

（2）置于锅中加水炖 2 小时，至水干肉八成烂为好。

（3）取出切块排在碗内，将姜和葱切成细丝放于肉上，加适量盐、酒拌匀，铺在鼠肉上面，将麻油烧热，淋在葱、姜丝上面即可食用。

9. 香味竹鼠

【原料配方】竹鼠 1 只，生姜 35 克，香葱 30 克，大茴香、小茴香各 10 克，丁香、甘松、陈皮、麻油各 5 克，草果、酱油、白糖各 25 克，味精、醋各 10 克，食盐 50 克，三花酒 150 克，生油

500 克。

【烹调方法】

（1）把竹鼠煺毛、开膛并掏净内脏，放入锅中加清水用大火烧沸，改用文火煮至竹鼠皮能插入筷子时捞起，用粗针插遍全身。

（2）将白糖和醋抹于皮面。起油锅烧至九成热，将竹鼠入油锅炸至皮呈黄色，出锅。

（3）倒出余油换以汤水，加入配料、调料，烧开。

（4）放进炸好的竹鼠，加盖焖至肉不韧，捞起用花生油抹皮面，斩件、原形拼于椭圆形碟上。

（5）用锅内原汁勾芡淋于面上，加入麻油即成。

【操作关键】

（1）杀竹鼠时血水放净，以避免成品带有腥味。

（2）炸竹鼠的目的是使外皮上色，所以油温宜高。

（3）做此菜讲究刀功，要先把碎骨和碎肉放在盘底，将其斜刀切成小块覆于上面。

【特点】色泽红润，肉质细嫩，滋味鲜美，营养丰富，味香形佳。

10. 三相竹鼠

滇菜中的传统野味名肴。以竹鼠为主料置于盘中央，外圈用淡菜、鸡肉、云腿各占一方，叉色围住，故名三相。

【原料配方】净竹鼠肉 400 克，水发淡菜 200 克，熟鸡片 200 克，肥瘦猪肉 200 克，鸡蛋 200 克，熟云腿 200 克，红萝卜 50 克，白菜心 100 克，食盐 10 克，味精 3 克，胡椒粉 5 克，芝麻油 15 克，湿淀粉 15 克，绍酒 15 克，酱抽 10 克，鸡清汤 500 克，葱末 5 克，熟猪油 1 000 克（约耗 50 克），姜末 5 克 。

【烹调方法】

（1）将竹鼠肉剁成 20 块，漂洗干净，晾干水分，装入盛器中，加食盐 3 克、酱油、绍酒，腌渍 10 分钟。

（2）炒锅上旺火，注入猪油，烧至六成热，倒入竹鼠肉炸成金黄色，捞出沥油。

（3）将肥瘦猪肉剁成茸，加入葱茸、姜茸以及食盐 3 克、味精 2 克、胡椒粉 2 克、鸡清汤 50 克、鸡蛋 50 克，调成肉茸。

（4）将鸡蛋 150 克调匀摊成蛋皮 5 张，把蛋皮逐张打开铺平，抹上肉茸，卷成大拇指粗的卷，摆入抹过油的托盘内，上笼蒸 10 分钟，取出晾凉。

（5）将水发淡菜用鸡清汤 150 克氽透入味，红萝卜氽熟，白菜心氽后晾凉。

（6）用大扣碗一只，中间摆入竹鼠肉，红萝卜切成长条，用 3 条做间隔条（分成三方）放入竹鼠碗中，一方镶入淡菜，一方镶入熟鸡片，一方镶入熟云腿片。扣盘再加上葱姜各 3 克（拍松），鸡清汤 200 克，上笼蒸 2 小时，取出加上蛋卷、白菜心，再上笼蒸 10 分钟。

（7）炒锅上中火，取出竹鼠肉，原汁汤滗入锅内，加入鸡清汤 300 克、食盐 4 克、味精 8 克、胡椒粉 3 克，用湿淀粉勾芡，淋入芝麻油，将汁浇在竹鼠肉上即成。

【操作关键】蒸竹鼠肉，大火气足，蒸约 2 小时左右。

【特点】色彩艳丽，滋味醇郁，鲜香细腻，回味悠长。

11. 红烧香竹鼠

【原料配方】竹鼠肉 600 克，蒜瓣 100 克，熟云腿片、水发冬菇各 50 克，甜酱油 30 克，食盐 5 克，酱油 20 克，麻油 10 克，味精 3 克，绍酒 30 克，葱 20 克，姜 10 克，熟猪油 100 克，上汤 500 克。

【烹调方法】

（1）竹鼠肉剁块，放入清水中漂洗干净，沥去水分。炒锅上旺火，注入猪油 50 克，烧至七成热，倒入竹鼠肉煸炒。

（2）加入葱姜（拍松）、酱油、甜酱油、绍酒，煸干水分，加入上汤，烧沸后改用小火炖至酥软。

（3）取另一炒锅，下猪油 50 克，放入蒜瓣用小火炸香至黄色，加入云腿片、冬菇片，再下竹鼠肉，加盐、味精，收稠汁后，拣去葱、姜，淋上麻油即成。

【操作关键】竹鼠肉剁块要均匀，旺火煸干水分，小火微烤至酥软即可。

【特点】色泽金红，竹鼠肉酥烂，蒜香突出，鲜味醇浓。

12. 花生炖竹鼠

【原料配方】竹鼠 1 只，花生仁 100 克，生姜 10 克，冬菇 15 克，精盐 8 克，鸡粉 2 克，绍酒 3 克，胡椒粉少许，清汤适量。

【烹调方法】

(1) 将竹鼠宰杀，水烫后刮去毛，从腹部切开取出内脏，斩去爪，用明火燎尽绒毛，刮洗干净，砍成 3 厘米的方块。

(2) 花生仁用温水泡透，生姜切片，冬菇去蒂洗净。

(3) 锅内加水烧开，投入竹鼠肉，用中火煮去血水，倒出洗净。

(4) 取炖盅一只，加入竹鼠肉、花生仁、生姜、冬菇，调入精盐、鸡粉、胡椒粉、绍酒，注入适量清汤，加盖，炖约 2 小时即可食用。

【功效作用】补中益气、养阴益精、滋补、美容。

13. 红枣炖竹鼠

【原料配方】竹鼠 200 克，胡萝卜 50 克，红枣 10 克，姜 5 克，精盐 15 克，味精 1 克，胡椒粉 2 克，绍酒 10 克，清汤适量。

【烹调方法】

(1) 将竹鼠肉用明火燎尽绒毛，刮洗干净，切成 4 厘米的块。

(2) 胡萝卜洗净去皮切块，红枣泡洗干净，生姜去皮切片。

(3) 锅加水烧开，投入竹鼠肉，用中火煮去血水，倒出洗净。

(4) 把竹鼠肉、胡萝卜块、生姜片投入炖盅，加入精盐、味精、胡椒粉、绍酒，注入清汤，加上盖，入蒸锅蒸炖约 2 小时即可食用。

【功效作用】补中益气、养阴益精、滋补、美容。

14. 红枣花生炖竹鼠

【原料配方】竹鼠 1 只，大红枣、花生各 15 克，生姜 10 克，上汤、精盐、鸡粉、胡椒粉、绍酒各适量。

【烹调方法】

（1）将竹鼠宰杀，水烫后刮去毛，从腹部切开取出内脏，斩去脚爪，用明火燎尽绒毛，刮洗干净，砍成 3 厘米长的方块。

（2）大红枣、花生用温水泡洗干净。

（3）锅内加水烧开，放入竹鼠肉，用中火煮去血水，倒出洗净。

（4）在煲内盛入竹鼠肉、生姜、大红枣、花生，注入上汤、绍酒，旺火烧开，用中火炖 90 分钟，调味后再炖 5 分钟即可食用。

【特点】汤汁白色，味鲜香醇，肉软肥香。

【功效作用】补中益气、养阴益精、催乳、丰胸、美容。

15. 清蒸竹鼠

【原料配方】竹鼠 1 只，云腿、水发冬菇、水发玉兰片各 50 克，胡萝卜、老蛋片各 30 克，白菜心 100 克，绍酒、花生油各 10 克，精盐 15 克，味精 1 克，姜、葱、麻油各 3 克，胡椒粉 2 克，上汤1 000克。

【烹调方法】

（1）将竹鼠宰杀，水烫后刮去毛，从腹部切开取出内脏，斩去脚爪，用明火燎尽绒毛，刮洗干净，切成 4 厘米见方的块。

（2）白菜心洗净，切成 1.3 厘米长的段。云腿切片，胡萝卜在开水中焯熟后切片，葱、姜拍破。

（3）把竹鼠肉用开水猛烫一下捞起，摆入炖盅内，加入花生油、精盐、绍酒、葱、姜，蒸 3 小时，取出，拣去葱、姜。

（4）炒锅中放入上汤，旺火烧开，加入白菜心、水发玉兰片、水发冬菇、云腿片、胡萝卜片、老蛋片，煮 2 分钟，撇去浮沫。用胡椒粉、味精调味，浇在竹鼠肉上面，淋上麻油即成。

【操作关键】

（1）烫竹鼠的水温不宜太高，以 80～90℃为宜。

（2）蒸制竹鼠时要旺火沸水，长时间蒸，以保持竹鼠肉质肥香。

【特点】色泽艳丽，汤汁清澈，味鲜香醇，肉软肥香。

【攻效作用】竹鼠配以火腿，开胃健脾，配香菇，生精益血，再配老蛋片，补血安神。此菜具补中益气、养阴益精、安神的作用，适于中气虚弱、神经衰弱的病人食用。

16. 归参炖竹鼠

【原料配方】嫩竹鼠1 500克，当归、党参各15克，葱、生姜、料酒、食盐各适量。

【烹调方法】

（1）将竹鼠宰杀后，去毛和内脏，洗净。将当归、党参、玉竹放入竹鼠腹内，用针线缝好。

（2）竹鼠置砂锅内，加入葱、姜、料酒、食盐、清水各适量，置于武火上烧沸后，改用文火煨炖，直至竹鼠肉煨烂即成。

【用法用量】食用时可分餐吃，吃肉喝汤。

【功效作用】补中益气、养阴益精，治心律不齐。

17. 桂圆党参竹鼠汤

【原料配方】竹鼠肉250克，瘦猪肉100克，桂圆肉15克，党参20克，桂枝、生姜、生地各5克，盐、绍酒、鸡粉少许。

【烹调方法】

（1）将竹鼠肉、瘦猪肉洗净、切块，生姜洗净、切片，各种药材洗净。

（2）锅内放水，烧开后放入竹鼠肉、瘦猪肉，焯去表面血迹，再捞出洗净。

（3）将全部材料放入煲内，加入适量清水，用大火烧沸后转文火煲3小时，调味即可。

【功效作用】此汤对血小板减少性紫癜、病后体虚、神经衰弱等症有调理作用。

18. 黄精竹鼠汤

【原料配方】竹鼠肉 500 克，瘦猪肉 100 克，黄精 20 克，沙参 5 克，生姜片、盐、鸡粉、黄酒各适量。

【烹调方法】

（1）将竹鼠肉和瘦猪肉洗净、切块，各种药材洗净。

（2）锅内放水，烧开后放入竹鼠肉、瘦猪肉，焯去表面血迹，再捞出洗净。

（3）将全部材料放入煲内，加入清水适量，用大火烧沸后转文火煲 3 小时，调味即可。

【功效作用】此汤适用于体虚怕冷、神疲乏力、面黄肌瘦、病后体虚等症。

19. 山药竹鼠汤

【原料配方】竹鼠 250 克，玉竹、山药各 100 克，红枣、精盐、味精各适量。

【烹调方法】

（1）玉竹、山药、红枣洗净；竹鼠洗净、切成块。

（2）把全部用料放入锅内，加入清水适量，用大火烧沸后转文火煲 3 小时，最后用精盐、味精调味即成。

【特点】汤鲜肉酥，为滋补佳品。

【功效作用】健胃、益气、养阴、美容。

20. 竹鼠笋片汤

【原料配方】竹鼠 1 只，笋片 100 克，料酒、精盐、味精、酱油、葱花、姜丝。

【烹调方法】

（1）将竹鼠去皮、内脏、脚爪，洗净，放入沸水锅内焯一下，洗净血污斩块。

（2）锅烧热，投入竹鼠块煸炒，烹入料酒、酱油煸炒几下，加入精盐、味精、姜丝和适量清水，烧至竹鼠肉熟烂，加入笋片烧至入味，出锅装盆即成。

【功效作用】竹鼠肉补中益气、解毒，笋片具有益气、消渴利水、消痰、爽口的功效，两者组成此菜具有益气养阴的功效。适用于肺热咳嗽、干咳少痰、劳伤虚损等病症患者食用，健康人食用更能强身健体。

21. 木耳腐竹竹鼠汤

【原料配方】竹鼠肉 500 克，脊骨、猪肉各 200 克，木耳、腐竹各 100 克，生姜 20 克，精盐 10 克，鸡粉 5 克。

【烹调方法】

（1）将竹鼠肉用明火燎尽绒毛，刮洗干净，斩件；脊骨、猪肉洗净，斩件。

（2）锅内放水，烧开后放入竹鼠肉、脊骨、猪肉，焯去表面血迹，再捞出洗净。

（3）将脊骨、猪肉、竹鼠肉、木耳、腐竹、生姜一起放入砂锅，加入清水煲 2 小时后，调入食盐、鸡粉即可食用。

【特点】美味补益靓汤。

【功效作用】美容瘦身，并能消除脸部因淤血形成的黑斑。

22. 淮杞煲竹鼠

【原料配方】竹鼠 200 克，冬菇、山药各 20 克，枸杞子 8 克，淮山 20 克，玉兰片 30 克，生姜 10 克，精盐 5 克，味精 1 克，绍酒 3 克，胡椒粉少许，清汤适量。

【烹调方法】

（1）竹鼠刮洗干净，斩成块；淮山、枸杞子用清水洗净，玉兰片切段，冬菇洗净，生姜去皮切片。

（2）在瓦煲内注入清汤，用中火烧开，加入竹鼠、淮山、枸杞子、玉兰片、冬菇、生姜，用大火烧沸后转文火煲 1.5 小时。

（3）调入盐、味精、胡椒粉、绍酒，继续用小火煲 30 分钟即可食用。

【功效作用】此菜具有补中益气、养阴益精、健脾润肺的功效，适于中气虚弱、咽干口渴的病人食用。

23. 无花果炖竹鼠猪蹄

【原料配方】干无花果、金针菇各 100 克，猪蹄、竹鼠肉各 500 克，生姜、葱各 10 克，精盐 4 克，鸡粉少许。

【烹调方法】

（1）将干无花果、金针菇洗净；猪蹄、竹鼠肉用明火燎尽绒毛，刮洗干净，砍成 4 厘米的方块。

（2）锅内放水，烧开后放入竹鼠肉、猪蹄，焯去血水，再捞出洗净。

（3）取瓦煲 1 个，放入竹鼠、猪蹄、无花果、金针菇、生姜、葱，注入适量清汤，加盖烧沸，转小火煲 90 分钟后调味即可食用。

【功效作用】竹鼠性味甘平，具有益气养阴、解毒的功效；猪蹄能补血、通乳、健腰腿，适用于腰腿酸软无力；无花果能提高免疫力，预防乳腺癌。此汤特别适合产后妇女补身、催乳、美容和乳腺癌患者食用。

24. 黄芪玉竹煲竹鼠

【原料配方】竹鼠 1 只，黄芪、玉竹各 30 克，葱、绍酒各 10 克，精盐 8 克，味精 1 克。

【烹调方法】

（1）将竹鼠宰杀，水烫后刮去毛，从腹部切开取出内脏，斩去脚爪，用明火燎尽绒毛，刮洗干净，切成 4 厘米长的方块。

（2）黄芪、玉竹洗净浸透，生姜洗净切片，葱洗净切段。

（3）锅内烧水，水开后放入竹鼠肉焯去血水，再捞出洗净。

（4）取瓦煲 1 个，放入竹鼠、黄芪、玉竹、姜片，加入清水、绍酒，加盖烧沸，用中火煲 90 分钟后，加精盐、味精调味，撒入葱段即成。

【操作关键】

（1）烫竹鼠的水温不宜过高，以 80～90℃为宜。

（2）要旺火沸水，长时间煲，以保持竹鼠肉质肥香。

【特点】色泽艳丽，汤汁味鲜香醇，肉软肥香。

【功效作用】常服用可提高免疫力、抗衰老、养颜美容。

25. 竹鼠煲猪肉

【原料配方】竹鼠肉、猪肉各 200 克，当归、干冬菇各 10 克，竹蔗 50 克，生姜、葱、鸡清汤各适量，精盐 15 克，味精 1 克，芝麻油 3 克，胡椒粉 2 克，绍酒 10 克。

【烹调方法】

（1）将竹鼠肉刮洗干净，切成 3 厘米的方块。猪肉切成块。

（2）干冬菇浸透，竹蔗破成小片，生姜洗净去皮切片，葱洗净切段。

（3）把肉块放入开水锅内煮 5 分钟至血水焯净时，捞出待用。

（4）在瓦煲内加入竹鼠肉、猪肉、冬菇、生姜、葱、绍酒、当归、竹蔗，注入鸡清汤，旺火烧开，改小火煲 2 小时，调味即可食用。

【功效作用】滋补、养颜、美容。

26. 陈皮黑豆煲竹鼠

【原料配方】陈皮 1 块，黑豆 150 克，新鲜竹鼠肉 500 克，瘦肉 100 克，生姜片、红枣、烧酒、精盐、鸡粉各适量。

【烹调方法】

（1）将竹鼠宰杀，水烫后刮去毛，从腹部切开取出内脏，斩去脚爪，用明火燎尽绒毛，刮洗干净，切成 3 厘米的方块。

（2）将黑豆洗净，用温水泡 2 小时，陈皮、红枣洗净，瘦肉洗净切块。

（3）锅内烧水，水开后放入竹鼠肉焯去血水，再捞出洗净。

（4）将全部材料放入瓦煲，加入清水，用旺火烧开，改用小火煲 3 小时，调味即可食用。

【功效作用】此汤适用于身体虚弱、面色无华、体型消瘦、头发枯黄等症。

27. 北芪炖竹鼠

【原料配方】宰净竹鼠 750 克，北芪 25 克，生姜 50 克，生葱 40 克，开水、上汤各 1 000 克，二汤 700 克，生油、绍酒、姜汁酒各 15 克，精盐 2.5 克，胡椒粉 0.05 克。

【烹调方法】

（1）将竹鼠用明火燎尽绒毛，刮洗干净，切成 4 厘米长的方块。

（2）将切好的竹鼠肉用沸水焯 5 分钟，捞起洗净。

（3）葱洗净切碎，姜洗净拍破。

（4）炒锅注入生油，放入生姜 35 克、生葱 25 克，加入竹鼠肉炒匀，加姜法酒爆炒香，注入上汤滚 3 分钟，倾在漏勺里，弃掉葱、姜后倒入炖盅内，放入北芪 25 克、生姜 15 克、生葱 15 克、精盐、绍酒，注入开水，放入蒸笼内炖烂，取出撇去汤面油脂，再将上汤烧至微滚，加入炖盅再烧沸，取出，用胡椒粉调好味即成。

【操作关键】

（1）烫竹鼠的水温不宜过高，以 80～90℃ 为宜。

（2）要旺火沸水，长时间炖，以保持竹鼠肉质肥香。

【特点】色泽艳丽，汤汁清澈，味鲜香醇，肉软肥香。

【功效作用】益气养阴、解毒、益精、安神，适于神经衰弱病人食用。

28. 北菇炖竹鼠

【原料配方】宰净竹鼠 750 克，干北菇、生姜各 50 克，葱 40 克，开水 1 000 克，上汤 750 克，花生油、绍酒、姜汁酒各 15 克，精盐 2.5 克，胡椒粉 0.05 克。

【烹调方法】

（1）将竹鼠用明火燎尽绒毛，刮洗干净，切成 4 厘米的块。

（2）将切好的鼠块用沸水焯 5 分钟，捞起洗净。

（3）葱洗净切碎，姜洗净拍破。

（4）将干北菇用冷水浸发，剪去蒂，挤干水分。

（5）炒锅注入花生油，将生姜40克、葱30克放入，加入竹鼠肉炒匀，加入姜汁酒爆炒香，注入上汤煮沸3分钟，倒入漏勺，弃掉葱、姜。

（6）将北菇倒入炖盅内，把竹鼠肉放在北菇上面，加入绍酒、精盐以及生姜10克、葱10克，注入开水，放入蒸笼内炖熟烂，取出撇去汤面油，再将上汤烧至微滚，加入炖盅再烧沸，取出弃掉葱、姜，用胡椒粉调味即成。

【特点】汤汁清澈，味鲜香醇，肉软肥香。

【攻效作用】益气养阴、益精，适于病后康复者食用。

29. 竹鼠乳鸽冬瓜盅

【原料配方】竹鼠1只（约750克），乳鸽1只（约500克），小黑皮冬瓜1只（约2.5～3.5千克），香菇10克，黑木耳15克，火腿15克，红枣10枚（去核），桂圆20克，葱、姜、油、盐、胡椒、香油各适量，鲜竹枝1小节，花生油750克（实耗75克）。

【烹调方法】

（1）将冬瓜洗净，在蒂把下端切开为盖，挖去瓜瓤备用。

（2）香菇、木耳洗净切丝，火腿洗净切丁，红枣、桂圆、竹枝洗净备用。

（3）将竹鼠宰好洗净，整个用沸水烫洗去生，捞出沥干水，切成小件，用姜、酒、盐渍2～3小时，取出用热水速洗干净，沥干放进油锅炸至皮肉金黄，捞起沥去油。

（4）乳鸽宰好切块，用姜、酒、盐渍30分钟。

（5）将所有备料放入冬瓜盅内，加入少量肉汤或鸡汤。然后盖上瓜盖，移入大小适宜的竹笋或瓦钵，放入蒸锅内，隔水蒸炖3小时。待竹鼠肉烂熟即移出上桌，揭开瓜盖，加入葱、胡椒、香油即成。

【功效作用】鲜甜可口，滋补强身，常吃可消除皮肤皱纹，美容抗衰老兼而得之。

附录：黑豚产业化生产技术

　　养殖黑豚于 2001 年被国家科技部、中国农村技术开发中心、中国农业科技报杂志社列为全国农业科技成果重点推广项目，随后又被浙江省列为重点"金桥工程"项目，被广西列为"星火计划"项目，是国家 12 部委公布明令准养的 54 种野生动物之一。黑豚不属于我国的野生保护动物，不需要办理许可证即可养殖和销售。

　　黑豚原名豚狸，是繁殖力极强的一种节粮型小型草食动物。黑豚肉鲜嫩味美，香酥可口，无腥臊味，属低脂肪、低胆固醇肉类，具有浓厚的野味特色。豚肉富含人体所需的 17 种氨基酸和铁、钙、磷等多种微量元素，还含有抗癌元素硒。它的皮毛又是一种很好的裘皮服装和工艺饰品的加工原料，其睾丸、胆和血是制药工业原料。黑豚全身黑色，黑色素含量极高，具有药食两用功效，能消除人体内的自由基、降血脂、助阳功、缓解胃病，对高血压、冠心病有明显的食疗作用，民间视其为"强身珍品"。

　　与一些饲养成本高、技术难度大、见效周期长的养殖项目相比较，养殖黑豚具有明显的优势：黑豚饲料容易解决，疾病少，饲养管理比较容易，成活率在 90% 以上；饲养规模可大可小，饲养方式多种多样，不仅可以集约化生产，也可以小规模饲养，更适合家庭养殖，而且老弱妇孺皆可饲养。养殖一只重量为 500～800 克的商品黑豚，其综合成本仅为 6 元左右。一人可养 200～300 对。养殖黑豚，投资少、见效快、收益大，是一种较为理想的家庭养殖业。

　　黑豚养殖市场前景很好，市场需求量在不断上升。目前商品肉豚销售价在内陆城市每千克为 40～50 元，在沿海大城市每千克售价可达 60～80 元，而且产品供不应求。发展黑豚产业是迎合 21 世纪世界黑色食品消费潮流的重要措施。

一、建造生态饲养场

1. 黑豚的习性

黑豚性情温顺，不咬人，不挠人，喜群居，胆小怕惊，在安静环境下突然有响声或禽畜、生人进入都会引起其骚动和惊慌；不善跳跃和攀登，嗅觉和听觉灵敏，对周围环境如气温、空气浑浊度等的变化十分敏感；它喜清洁干燥，怕肮脏潮湿，怕冷风吹，不适应气温剧烈变化，冬天突然变热、夏天突然变凉时都容易感冒甚至引发肺炎，这是初学养殖黑豚者要特别注意的。黑豚喜欢在凉爽、干燥、清洁、弱光的环境中生活，适宜温度为 18～25℃。根据黑豚的这些习性，尽量创造出适合黑豚生活的环境，就能养好黑豚。

2. 黑豚生态饲养场的建造

可以利用闲置旧房或畜舍进行改建，也可以在房前屋后的空地搭盖。若在空地上搭盖应以水泥地面、砖墙结构为宜。黑豚的饲养方式多种多样，下面介绍适合农村推广模拟生态饲养的平面圈养池。池高均为 45 厘米，可用砖围建或水泥板组装而成。各种养殖池内部均用水泥砂浆抹光滑，防止黑豚攀爬逃走。

（1）繁殖池：分内池和外池。内池是休息、产仔室，规格为 25 厘米×35 厘米，外池是采食间和运动场，规格为 50 厘米×70 厘米。内池与外池底部有一个直径 8 厘米的圆洞相通，供黑豚进出。每池饲养 1 公 1 母或 1 公 2 母。

（2）中池：用于饲养断奶幼豚。面积为 1.5 平方米，在池的一侧设一条 30 厘米宽的保温槽，保温槽离墙底部有 2～3 个圆洞相通，供黑豚进出。每平方米放养 10～20 只。

（3）大池：用于饲养种豚和商品肉豚。构造同中池，面积在

2 平方米以上，每平方米放养 8～10 只。

二、引进良种后要不断选育高产种群

现在农村养殖的黑豚由于长期近亲繁殖和营养不良，造成黑豚个体一代比一代小，种群严重退化。如 2000～2004 年最大的个体重可达 1.5 千克，到 2005 年只有 1.3 千克，2006 年仅为 1.1 千克，而且杂毛、花斑的个体逐年增多，出现严重的返祖现象。这说明农村饲养黑豚，在自繁自养的过程中应避免近亲繁殖，必须去杂留纯和不断选育高产种群。按以下方法进行会迅速见成效。

（1）防止近亲繁殖。种豚繁殖和商品肉豚繁殖要分开进行，种豚繁殖池要编号，繁殖的后代实行交叉配对；定期与周围的养殖场串换种豚配对繁殖。

（2）去杂留纯。将有杂毛、花斑的种豚全部淘汰，发现一只处理一只。

（3）不断选育高产种群。在优良种群中个体的生产能力是有差别的，从它们中间优中选优，就会获得产量更高、生产性能更好的种群。

黑豚选育高产种群方法如下。

（1）体重选育。对现有能繁殖的种豚进行一次盘点，将体重 750 克以上的种豚划入核心种群，体重 750 克以下的，从低到高每年淘汰 20％。同时，每淘汰 1 对，就从核心种群繁殖的后代中选出 2 对进行补充。经过连续 3 年的淘汰和补充，确保所有能繁殖的种豚体重在 750 克以上。

（2）繁殖率选育。将那些体重在 750 克以上、年繁殖 4 胎以上、每胎成活 5 只仔以上的种豚划入核心种群，将年繁殖低于 4 胎、每胎成活 5 只仔以下的，从低到高每年淘汰 20％。同时，每淘汰 1 对，就从核心种群繁殖的后代中选出 2 对进行补充。经过第二次选育高产种群，黑豚种群的生产性能可在原来的基础上提高 30％～

50%。

三、优化饲料配方与饲养技术

野生黑豚以草食为主，获得营养少，个体小、生长慢、产仔少。经过人工驯养后调教黑豚采食精饲料，获得营养多，能养殖出个体大、生长快、产仔多的黑豚。人工饲养黑豚的正常生长、发育、繁殖均需要充足的营养。若要获得更高的黑豚产量，除了要不断选育高产种群外，还要在优化饲料配方和科学饲养技术上下功夫。有些农户饲养黑豚为了节省开支，不喂或少喂精饲料，结果黑豚越养越小；有些城镇居民饲养黑豚想让它长快点，全部喂精饲料不喂青料，长期不供给青料或干草等食物，反而使黑豚生长变慢并且发生脱毛现象。忽视精饲料或青料的合理供给，都不能把黑豚养好。

由于黑豚是草食动物，所以饲料应以青料为主（80%）、精饲料为辅（20%），在青料中含有 10%～15% 的多汁饲料（甘蔗、凉薯、甜瓜皮等）；投料时青料、精饲料要适当搭配，避免饲料单一。青料要选用鲜嫩野草、牧草、玉米叶、甘蔗叶、树叶、果皮、胡萝卜、红薯、甘蔗、凉薯、甜瓜等。要一年四季充足供应新鲜青料。精饲料以玉米粉、米饭、麦麸为主，全价混合饲料的成分与饲喂兔、竹鼠的饲料相近。如自制混合精饲料，常用配方为：玉米粉 40%，米饭、麦麸、花生壳粉各 15%，花生麸（或黄豆粉）5%，鱼粉、骨粉、松针叶粉、EM 原液各 2%，食盐 1%，矿物微量元素生长素、超级多维素各 0.5%。将 EM 原液兑水 3 倍与上述原料拌匀做成湿料投喂。也可以用肉用种鸡料加入多种维生素直接饲喂。一般每天早、晚各喂 1 次，每餐每只喂精饲料 10～15 克、青料 80～85 克。投入青料的数量以晚上投料到第二天早上略有剩余为宜，若是吃得很干净，说明投料不足。

四、人工繁殖技术

1. 繁殖特征

黑豚性成熟早，一般母豚 35～45 日龄、公豚 70 日龄就有性征表现。母豚性周期为 16 天，发情持续时间为 1～18 小时，平均为 9 小时，发情时间大多在下午 17 时至翌日早上 5 时。母豚发情交配后，阴道口有明胶样的混合物，根据这种栓塞物的有无可以判断黑豚是否交配成功。母豚妊娠期为 56～68 天，怀仔数为 3～5 只，多的可达 6～9 只。幼豚 15 天后断奶，断奶后分开喂养。

在母豚妊娠期间，除提高饲料的数量和质量外，场地要保持安静、清洁，闲杂人员不能随意出入。妊娠后期要在笼内放置干草，让母豚营巢准备分娩。

2. 人工繁殖

（1）公母鉴别：用手压迫会阴部，看有无阴茎出现和外阴部形状，即可确认公母。

（2）选种：选择体态丰满、骨粗壮、肢形正、眼明亮、发育良好、毛色光亮、皮肤柔软有弹性的黑豚，公豚睾丸对称、大小一致，母豚外阴发育正常。种豚利用年限为 3 年。

（3）公母配比：有 1 公 1 母、1 公 2 母或 1 公多母等三种。一般留做原种繁殖的采用 1 公 1 母配对繁殖。商品黑豚大群饲养繁殖多采用 1 公 3～4 母配组繁殖。切忌放入 2 只公豚，以免互相格斗而影响配种。

（4）初配年龄的选择：许多资料介绍，母豚最好在 70 日龄配种。根据近年黑豚品种退化的情况，70 日龄还属于早配，宜推迟到 90～100 日龄、母豚体重达到 650～750 克才配种繁殖为好。

（5）仔豚哺乳期：夏季为 15 天，冬季为 20 天。

3. 提高繁殖率与产仔成活率的措施

（1）淘汰 3 年以上繁殖能力下降的种豚。

（2）留种黑豚公母分开饲养，体重达到 650～750 克按 1 公 1 母或 1 公 2 母进行配对（组）繁殖。

（3）给种豚增加营养，喂矿物微量元素添加剂和多种维生素，以促进发情。增加营养后仍不发情的，可采用药物催情，每只母豚肌肉注射 0.2 毫升三合激素，7～10 天就能发情配种。

（4）掌握好发情配种的时间，选在最佳时刻配种，也可在产仔后半天内进行血配。放 1 只公豚进养殖池与发情母豚交配，配种时不能有其他公豚在场干扰。

（5）母豚怀孕后要增加营养，补充钙质，注意保胎，防止因强烈刺激而造成流产。

（6）怀孕后期将母豚移到繁殖池单独饲养，产室内放入干净垫草，让母豚安全顺利产仔。

（7）产前 10 天至产后 15 天，给母豚加喂黄豆、木瓜、甘蔗、凉薯和嫩草，以增加奶水，整个哺乳期间不能中断喂养多汁饲料。

（8）母豚 1 胎产 5 只仔以上，奶水不足的需要人工哺乳。用牛奶或奶粉兑米汤加糖，拌入精饲料喂仔鼠。人工滴喂或让仔豚吸吮，每天 3～5 次。人工哺乳 15 天，仔豚可成活并健康成长。

（9）气温低于 15℃时，窝巢要加厚垫草，室内要升温保暖，防止仔豚被冷死。

五、认真做好饲养管理工作

1. 日常饲养管理

日常饲养管理的重点放在防止饲料发霉、变质。配合饲料最好随配随喂，颗粒饲料直接投喂时，应供给干净饮水，或加水拌成湿料饲喂，少食多餐，保持食槽清洁卫生。青料最好当天割当天喂，防止农药污染青料。饲养室要保持清静，用具经常刷洗保持干净。室温最好能保持在 18～25℃，空气相对湿度为 45％～55％。还要防止鼠类、蛇类进入养殖室，为黑豚营造安全舒适的生活环境。饲养员要认真负责、注意观察，发现问题及时处理。

2. 四季管理

（1）春季：春天温度适宜，应多喂青绿饲料，抓紧繁殖，保持一定的饲养密度和室内的环境卫生。

（2）夏季：夏天温度较高，要认真做好降温防暑工作。室温超过34℃时要采取降温措施，投喂清凉饮料、多汁饲料（雷公根、金银花藤叶、凉薯、西瓜皮等），加强室内通风，保持室内清洁干燥，及时清除粪便，降低饲养密度，严格消毒，加强营养，保持黑豚的体质稳定。

（3）秋季：秋天天高气爽，温度适宜，应保持室内地面、笼具、食具的清洁，制订繁殖计划，备足青绿饲料，禁止投喂变质的饲料。

（4）冬季：冬天天气寒冷，要做好保暖工作。室温低于15℃时要采取保温措施，防止冷风进入室内，可以适当提高饲养密度；室温低于10℃时要采取升温保暖措施，加厚垫草。如果冬天青绿饲料供应不足，可以适当增喂谷物类、糠麸类等精饲料。室温低于10℃时如忽略升温保暖，黑豚就有被冻死的危险。

六、商品黑豚育肥

有资料称，在通常情况下黑豚经60～80天饲养即可达到商品要求。这是指商品种苗，不是商品肉豚。达到80日龄的黑豚再育肥20天，体重达到750克以上才能作为商品肉豚出售。

商品肉豚育肥常用的饲料配方：玉米粉65％，黄豆粉7％，麦麸、米饭各10％，骨粉、松针叶粉、EM原液各2％，食盐1％，矿物微量元素生长素、超级多维素各0.5％。将EM原液兑水3倍与上述原料拌匀后投喂。育肥期间减少投喂青料，限制运动。经过20天育肥，每只黑豚可增重250克以上。

七、用 EM 去霉、除臭、防病、促长

1. EM 直接饲喂黑豚

按精饲料量的 2% 取 EM 原液，兑水 3 倍直接喷入饲料中，边喷洒边搅拌，拌匀后即可饲喂。喂 EM 饲料后，黑豚拉稀及顽固性下痢可基本根除。

2. 用 EM 喷牧草等青料喂黑豚

EM 原液在红糖水中发酵 2 小时后兑 50 倍冷开水，喷洒在采回来的牧草上，边喷边搅拌，使 EM 均匀沾在草叶上，晾干后再喂黑豚。黑豚采食快且干净，青料利用率提高 20% 以上，黑豚消化功能增强，排粪量减少 1/4。

3. 坚持隔天用 EM 喷雾消毒

隔天用 EM 原液 20 倍稀释液对空气、地面、笼具、垫草进行消毒，不仅能消除臭味、氨味，抑制病原微生物繁殖，还可以降低呼吸道疾病的发病率。

4. 霉变饲料彻底去霉

取 EM 原液兑水 3 倍直接拌入发霉的玉米粉中密封发酵 5～7 天，产生的香味取代了霉味，可达到品味如新的效果。

八、环境卫生与疾病防治

黑豚爱干净，不论是圈养还是笼养，都要做好养殖室的环境卫生工作，食槽要定期清洗，防止食物霉变，确保饲料和饮水的新鲜，杜绝野鼠、蟑螂等对饲料和饮水的污染。

人工饲养黑豚只要注意饲料、饮水卫生，做好隔离消毒工作，就很少发生疾病。如果饲料变质，喂料时有时无，青料不干净，营养不全面，管理粗放，也会人为导致疾病的发生。几种常见病的防治如下。

1. 膨胀病

【病因】多因进食发霉变质的饲料或饮用污染水，采食露水未干的青菜和水分含量过多的青菜而引起。

【症状】消化不良，多出现腹部膨胀、精神不振、减少或停止采食、口唇苍白、粪便多而稀或水样、青绿、腥臭。

【防治】发现病豚立即隔离，采用对症疗法：①胃内胀气可加喂少量茴香油，或加喂 2～3 滴藿香正气水。②粪便水样、白色或绿色、腥臭，喂 EM 原液，每只每次 1～2 毫升，每天 2 次，连喂3 天。③用穿心莲煮水，连喂 2～3 天，每天 1～2 次，还可将雷公根洗净，晾干生喂。

2. 干瘦病

【病因】因日粮长期单一，营养不良，或日粮干喂，不加饮水，或患肠胃疾病不能及时发现治疗而引起。

【症状】因消化受阻而停食，病豚逐日消瘦。

【防治】补喂鱼肝油或鸡蛋黄，熟黄豆拌入饲料饲喂，经 10天后再恢复日常饲料。同时添加禽用多种维生素。如体温升高，可用 2 万～3 万单位青霉素肌肉注射，每天 2 次，连续 3～5 天。

3. 霉变饲料中毒

【病因】进食发霉变红的甘蔗、烂红薯，黑豚会突然中毒死亡。中毒发病急，难治疗。

【预防】清除霉变饲料，改喂新鲜饲料，加喂葡萄糖水，增强病豚的解毒和抗病能力。

4. 颌下脓肿

【病因】由链球菌感染而引起。

【症状】病豚下巴出现脓肿。

【防治】①在脓肿突出处剪毛消毒，用手术刀片在脓肿处切开1～2 厘米的口，将牙膏状的脓汁挤出，并用生理盐水反复冲洗干净，然后在切口处滴入 1～2 毫升庆大霉素注射液，再敷云南白药，切口不用缝合。②将消炎药物溶于水后加入饲料中喂服。

5. 肺炎

【病因】由巴氏杆菌感染引起，豚舍卫生差，通风不良，饲养密度过大易发该病。

【症状】病豚初期打喷嚏，流出脓性鼻涕，发展到气管时出现咳嗽，发展到肺部时出现呼吸困难，病豚张口呼吸，严重时出现战栗、痉挛或瘫痪而死亡。

【防治】①注射青霉素 2 万～4 万单位或将磺胺类药物拌入饲料喂服。②金银花 5 克，菊花、一枝黄花各 3 克，煮水拌入饲料喂服，每天 1 次，连服 3 天。

6. 便秘

【病因】喂食干精饲料过多，青料不足而引起。

【症状】病豚开始尚能排出少量干球粪便，以后排粪困难，甚至数天无粪便排出。患病后期肠管常胀气，病豚精神沉郁，蹲在一处不动不吃，有时喝点水，被毛粗乱。

【防治】①用注射器吸 10～20 毫升温热肥皂水，脱去针头，从肛门注入，干球粪会很快排出。②给黑豚喂新鲜青饲料和多汁饲料。

7. 球虫病

【病因】由球虫感染而引起的体内寄生虫病。

【症状】主要发生在湿热多雨季节。病鼠精神沉郁，食欲不振，腹部膨胀，粪便带血，身体消瘦，最后衰竭而死。

【防治】用中草药青蒿煮水喂服或将青蒿切碎拌入精饲料中饲喂。

8. 豚虱

【症状】翻开黑豚体毛可看见表皮有一种细小的寄生虫，这就是豚虱，多生于黑豚头部。

【防治】将虱癫精拌入饲料中喂黑豚，对病豚进行全面治疗，每月 1 次；同时做好清洁卫生工作，定期用百毒杀对饲养笼和饲养池进行消毒。